我的宠物书

[日] 贵宾犬风采 编辑部·编
赵春雨 等·译

贵宾犬养护全程指导

全彩图解版

中国农业出版社

贵宾犬常识

从天真可爱的幼犬身上也能感受到它的聪明

贵宾犬幼犬被柔软的毛发包裹着，简直和泰迪熊一模一样。不过，它那淘气的样子，看起来却十分招人喜欢。从那开朗、好奇心强的表情应该可以感受到它的可爱和聪明。

贵宾犬的种类及体型

贵宾犬有十多种毛色和四种体型，种类多样，如备受欢迎的泰迪，就是贵宾犬造型之一。可爱的外表加上温顺的性格和灵活的头脑，使得贵宾犬深受人类的喜爱。

外表可爱、头脑机灵的人气犬种

贵宾犬拥有可爱的外表，简直就像毛绒玩具一样，因此备受欢迎。在日本，1990年后期，泰迪的修剪造型成为大家热议的话题，而从2003年开始，玩具贵宾犬的人气剧增。现在，贵宾犬可以被修剪成各种各样的造型，可以说是走在了流行的最前沿。其造型如同人类的时尚发型一样值得欣赏，因此吸引了越来越多狗狗爱好者的关注。

不过，贵宾犬真正的魅力应该在于其平易近人的温柔和聪明的头脑。友善、亲近人类，加上天生的开朗性格，使它们能营造出一种欢快的气氛。时而善解人意的举止、可爱的动作，也能打动人心。最初它们可能是凭借可爱的外表被接受，不过在共同生活的过程中，慢慢就当成家人被接纳，这应该是和贵宾犬生活的最大乐趣了。

贵宾犬的毛色以最受欢迎的棕黄色为首，还有白色、黑色、深咖色等十多种颜色。体型从小到大可分为玩具型、迷你型、中型和标准型四种。因其种类丰富，所以主人可以选择自己的理想类型。在日本，以近似泰迪造型的红色系贵宾犬和适合住宅环境的玩具型贵宾犬的饲养数量为最多。

推毛前

将上面贵宾犬脸颊周围的毛发用推子剃掉，用剪刀修剪整齐。虽然印象变了，但仍很有魅力。

推毛后

这是泰迪造型的贵宾犬，其毛发稍长。看起来就像毛茸茸的玩偶一样可爱。

贵宾犬的历史

贵宾犬历史悠久，据说其祖先散布于欧洲各地。因其独特的修剪造型而备受关注，由原来的水边猎犬变成了华丽的贵族犬。

修剪造型是为了在冰冷的水里保护心脏和肺不受伤害

现在，贵宾犬的修剪造型虽然被当作是时尚，但以前却是具有实用价值的。据说其祖先起源于德国，是水边的猎犬，作用是搬运猎人射中的鸭子等水鸟。因为有时需要在冰冷的水中游泳，考虑到其身心健康，就设计了一种修剪造型。为了保护位于胸部的心脏和肺，保留了胸部的毛，而为了活动方便剃掉了其他部位的毛，这就是贵宾犬最初的造型。同时，猎人为了避免将其误认为鸟兽射击，就将其头部毛发扎在一起，将尾巴修整成毛球形状，以此作为标记。以这种造型为契机，贵宾犬开始踏上贵族宠物犬的道路。

泰迪型

像泰迪熊似的全身修剪得圆乎乎的，这是贵宾犬代表性造型之一，有多种修剪方案。

荷兰皇家型

这种造型将脸部和足尖的毛都剃掉，优点在于方便狗狗的脸部护理，使脸部不易变脏。

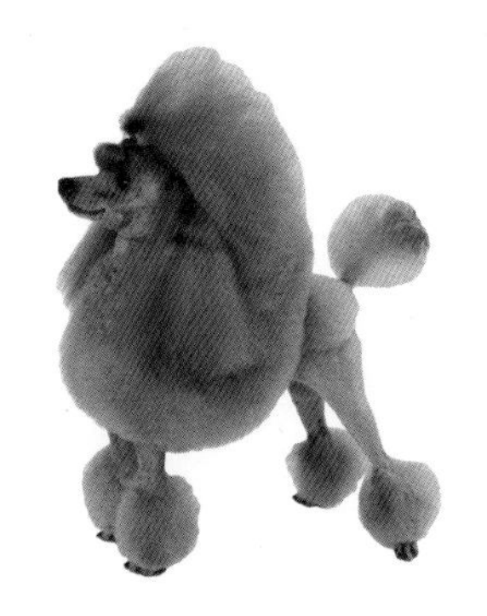

欧陆型

这种造型保留了头部和胸部的毛，将腰部和尾部的毛修剪成毛球形，脚部修成手镯形。

作为猎犬时，大型和中型的体型是主流。变成宠物犬之后，体型逐渐小型化。

据推测，贵宾犬祖先的毛色是黑色或褐色等深色系颜色。

从水边的猎犬变成了贵族犬

贵宾犬的历史非常悠久，中世纪以前就出现在欧洲各地，主流认为其祖先是生长于德国的水边猎犬。在德国，称之为“Pudel”，意思是“迎着水流前进”，这也被认为是现在该犬种名的由来。

贵宾犬的祖先——猎犬由德国来到法国，被命名为“champs·canard”，意思是“鸭子的猎犬”。当时繁衍出了大型和中型两种体型，在拉货物、马戏团表演方面也很活跃。不仅其独特的造型受到欢迎，那与生俱来的开朗性格和聪明头脑也得到了人们喜爱。不久，它们便被法国贵族看中，大约16世纪以优雅“宠物犬”的形象，成为大家议论的话题。到现在贵宾犬还非常受欢迎，法国也因捧红了贵宾犬，而被定为贵宾犬的原产国。

相当悠久的贵宾犬历史

贵宾犬的历史非常悠久，以至于无法准确判断其发祥时代和地域。就让我们来回顾一下吧。

中世纪以前

贵宾犬这种卷毛犬在距离中世纪之前的很长一段时间就出现在欧洲各地，并从事各种各样的工作。据推测，其毛色以黑色、褐色等为主流颜色。

15世纪左右

在德国，作为活动于水边的猎犬而非常活跃，其作用是叼回猎人射中的水鸟。因为有时需要在冰冷的水中游泳，所以为了维持心脏和肺的温度，进行了修剪。

16世纪

被介绍到法国，不仅担任猎犬的工作，还担任拉货物、马戏团表演等工作。后被法国贵族看中，成为宠物犬而流行起来。其造型多变，成为华丽的宠物犬。

18世纪

经过多年的进化，变成了小型犬，也就是在这个时候，诞生了现在的玩具型贵宾犬。通过品种改良，其毛色种类也越来越丰富，并从法国流行开来，博得了全世界人民的喜爱。

贵宾犬的身体

贵宾犬是深得贵族喜爱的优美犬种。可爱的造型下隐藏着高雅的素颜。让我们先来一起了解贵宾犬的身体吧！

耳朵

耳朵位于眼睛和眼角延长线稍偏下的位置，沿着头部的弧线呈下垂形状（照片中的狗狗因为耳毛较多，所以看起来位置偏高一些）。耳朵长、宽、厚，被丰富的装饰毛覆盖着。耳朵里面也生长着毛，因此需要护理。

头·颈

头部呈圆形，大小恰到好处，颧骨和脸颊的肌肉平滑。颈部长，力量强劲，为了保持整体的平衡，头部高高上扬。喉咙下面应该紧致，不松弛。

眼睛

眼睛呈杏仁形，双眼之间的距离适度。理想状态是眼睛发暗，眼眶呈黑色。不过棕色系贵宾犬的眼睛颜色是深琥珀色，眼眶颜色跟肝脏颜色近似。

鼻口

鼻口（鼻子的根部到尖部）较长、呈笔直状，眼睛下方（根部）有浅浅的沟痕。头部（从后脑勺到额头）和鼻口的长度相同。当嘴边长满毛时，鼻口看起来又圆又短，不过剃光毛后却是呈延伸状的。

鼻子

不管什么毛色的贵宾犬，其鼻子的颜色应该都是黑色的，但杏色系贵宾犬除外，其鼻子颜色可以呈肝脏色，而棕色系贵宾犬的鼻子颜色是肝脏色的。鼻腔的大小要恰到好处，不能太凸显，并且要具有灵敏的嗅觉。

嘴·牙齿

唇部紧绷，呈黑色。而棕色系的唇部是肝脏色，杏色系的唇部也可以是肝脏色。啮合呈剪状咬和状态，最好下牙能稍微碰触到上牙的内侧。

了解隐藏着的素颜和犬种标准是非常重要的

贵宾犬拥有优雅、气派的姿容，这也是它能够由猎犬变成宠物犬，最后成为受全世界喜爱的宠物犬的原因之一。但除了美丽的容貌和匀称的体形外，智慧也是十分重要的。在贵宾犬可爱的造型之下，隐藏着贵族们追捧的高雅素颜。一些权威机构还制定了表示狗狗健康形态的犬种标准。为了能够更加了解您爱犬的身体，请记住这些标准吧。

尾巴

尾巴根部较粗，位置高，呈笔直上扬状态。但如同照片中的狗狗一样，为了维持整体的平衡，有时需要进行断尾处理。不断尾的话，过长的尾巴会呈卷曲状。

被毛

生长着丰富的卷毛和绳状毛的茂密的被毛。幼犬的被毛比较柔软，但长成成犬后，其整体被毛会稍微变硬。

四肢

前足的骨量和肌肉十足，从肘部开始笔直延伸，足尖小小的勒紧的肉球非常结实。后足的大腿肌肉结实，膝盖最好是经常弯曲的。爪子的颜色是黑色或者与毛色相近的颜色。

躯干（身体）

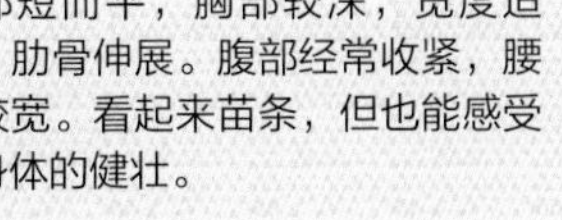

匀称的正方形体型。肩部高，背部短而平，胸部较深，宽度适中，肋骨伸展。腹部经常收紧，腰部较宽。看起来苗条，但也能感受到身体的健壮。

贵宾犬的体型

贵宾犬一般被分为四种体型。让我们来了解一下它们各自的特征和个性。

体型不同类型也不同，个性迥异

根据犬种标准的规定，贵宾犬被分为玩具型、迷你型、中等型、标准型四种体型。在日本，体型最小的玩具型贵宾犬人气最高，而中等型则是近年新规定的体型。这种体型的分类不是根据体重，而是根据体高（肩膀到地面的距离）进行划分的。详细尺寸会在下文进行介绍。

体型大的贵宾犬继承了其猎犬祖先的特性，多表现沉稳。体型小的贵宾犬则因作为宠物犬的历史较长，所以性格开朗、可爱的特点最为显著。让我们来领会一下不同体型贵宾犬的迥异个性吧。

不管什么体型，健康是最重要的

您可能看到过比玩具型还要小的、被称为“茶杯”或“微型”的贵宾犬，在犬种标准上这些都被归类成玩具型。然而，因为这些狗狗太小，其健康状态堪忧，所以您在领养前一定要认真确认它们的身体状况。

玩具型

体高24～28厘米（25厘米最理想）。体重在3千克左右。

迷你型

体高28～35厘米。体重6千克左右，因此接近于玩具型。

中等型

体高35～45厘米。因为是新规定的体型，所以数量较少。体重在12千克左右。

标准型

体高45～60厘米。体重17千克左右。

贵宾犬的毛色

贵宾犬最理想的毛色是全身呈一种颜色，但实际上它们毛色深浅不一，加上个别特有的颜色，所以贵宾犬的毛色有10种以上。毛色不同，体质和性格也不同，所以让我们先来了解一下它们各自的特点。

毛色不同，体质和性格也迥异

最理想的贵宾犬是全身呈一种颜色，不过包括毛色微妙的深浅差异在内，贵宾犬的毛色有10种以上。毛色如此丰富多样，可以说是最容易满足主人挑选要求的犬种了。此外，因为毛色不同，它们的体质、性格、毛量等特征也不同，而且还会影响其健康状况，所以有必要先了解不同毛色贵宾犬的特征。

白色和黑色是历史最悠久的贵宾犬毛色，这两种毛色的贵宾犬中很大部分都满足了犬种标准的规定，健康状态也很稳定。因此参加爱犬大赛的贵宾犬中，大部分都是白色或黑色的。

红色、杏色、棕色、银色等颜色被称为中间色。因为色调微妙，所以其最大特点是毛色易随年龄增长而发生变化。

无论毛色如何，肤色最好都是偏暗的深色皮肤。深色皮肤的狗狗看起来紧致、健康，而毛色也会格外好看。

毛色的变化

中间色会随年龄的增长发生巨大的变化。红色、杏色和棕色的贵宾犬，大概从1岁开始毛色渐渐变浅，而银色贵宾犬则有自己特有的变化。但无论哪种毛色，它们的毛量和毛质在7岁前都会保持在一个比较好的状态，而过了10岁则会渐渐出现衰退现象。

这是2个月大的棕黄色贵宾犬。连柔软的被毛颜色都是深色的。

14岁的棕黄色贵宾犬。毛色变浅了，中间毛色的贵宾犬，皮肤不易长雀斑。

贵宾犬毛色的种类

这里介绍6种有代表性的贵宾犬毛色。请注意它们的体质、健康状态的稳定性和类型差异。

白色

最完美、健全的毛色

18世纪诞生于法国。作为贵族宠物犬，非常受欢迎，直到现在还受到爱犬人士的追捧。包括体质等特征在内都是最完美的，散发着稳重、聪明的魅力。

黑色

深受欧洲人喜爱

是其祖先猎犬的主流毛色，在欧洲人气特别高。体质等特征很稳定，有时随着年龄增长会长出白毛。其表情很难捕捉，所以被认为很神秘。

棕黄色

近年非常流行

是最受欢迎的中间毛色。最近几年其数量急剧增长，不过在其特征稳定之前，应该还需要一段时间。即便年龄增长了，白毛也不会明显。显著特点是自由奔放、淘气。

银色

特点是变化不断

刚出生时，毛色像黑色贵宾犬一样黑。出生40天后，从鼻尖开始颜色淡退。1岁时毛色基本稳定，但仍有微小变化。在中间毛色的贵宾犬中，其大多数属于特征稳定、温厚的类型。

深咖色

由银色贵宾犬衍生出来的毛色

现在的棕色贵宾犬毛色被认为是由银色贵宾犬衍生出来的毛色，是比较稳定的中间毛色，浅棕色被称为牛奶咖啡色。其特点是大方、稳重。

杏色

杏色是少数派

原本是近似杏色的深橙色毛，近几年数量减少了。目前，大多数时候被归类为介于红色和奶油色之间的毛色。其性格和红色贵宾一样，属于开朗、活泼的类型。

贵宾雌雄犬的差异

贵宾犬的犬种标准基本上不分雄雌都适用，可以说是一种性别差异较小、但个体差较大的犬类。

性别不同，展现出的知性和优雅也不同

贵宾犬可以说是性别差异最小的犬种，在犬种标准中也没有关于性别的特别记载，因此雄贵宾犬和雌贵宾犬的体格特征都基本相同。然而，仔细观察的话就会发现，雄贵宾看起来比较健壮，而雌贵宾则比较窈窕。其实包括人类、犬类等在内的大多数哺乳动物，在这方面的特征都是相同的，雄性的体格高大、骨架大、肌肉发达，而雌性则拥有适度的脂肪、整体圆润。此外，因为雌性长有子宫，所以躯干偏长。虽然雄雌贵宾犬的体格都是匀称的正方形体型，但是仍有一些微小的不同，微小到不会影响其整体的平衡。

贵宾犬的共同性格特征是聪明、开朗，不过从整体来看它们还有性别特征。例如，大多数的雄贵宾比较活泼，而雌贵宾则偏沉稳。

雄雌贵宾犬之所以没有明显的差异，应该是受到了其祖先曾是宠物犬的影响。贵族们喜欢优雅、知性的狗狗，因此无论雄贵宾还是雌贵宾都朝着这个方向进化，不断繁衍生息，因此到现在，贵宾犬都还继承着宠物犬的特性。综上，贵宾犬是一种个性差异比性别差异明显的犬类。

要关注我们的个性哦！

让我们来对比一下贵宾雌雄犬的特征吧

贵宾犬虽然是一种个性差异比性别差异明显的犬类，但是整体来看还是存在性别差异的，下面让我们从身体、心智两个方面来对比一下吧。

	雌性	雄性
身体	**体型娇小、姿态可爱** 健全的体格加上恰到好处的脂肪，身体圆润。体型比雄贵宾小，整体看起来比较窈窕，可爱的修剪造型完美呈现。因为长有子宫，所以躯干稍长，但仍旧还保持着完美的平衡。温柔的容貌加上沉稳的举止，看起来更加优美。	**体格、能力都很精悍** 骨骼紧致、肌肉发达，体格健壮。容貌精悍又精神，但同时斯文气质不减。活泼好动，所以运动能力比雌贵宾强。如果想要区分开雄贵宾和雌贵宾，看它们的行为举止比较容易辨别。
心智	**天资聪颖，善于察言观色** 雌贵宾的显著特征是友好、爱撒娇。善于观察对方的神情，很好地吸引注意力，因此多数人都会很自然地回应它们，感觉就像是“一个任性的女孩子”。它们的感情表达比雄贵宾复杂，从它们身上你能够很好地感受到贵宾犬的聪颖。	**性格活泼，兼备气质** 雄贵宾好奇心强，爱动，特别是小的时候，贪玩、爱搞破坏，是“小学里淘气小男孩”的形象。典型特点是天真无邪，感情表达直率。随着年龄的增长，它们会变得沉稳，散发出贵宾犬特有的气质。

目 录

贵宾犬常识

前言 …… 18

1 贵宾犬的一生

出生~1岁 …… 20
1岁~10岁 …… 22
11岁及以上 …… 24

2 领养前的准备

你做好照顾它一生一世的思想准备了吗？ …… 26
先备齐必需的日常用品吧 …… 28

3 从领养那天起，需要做的事情

领养当天的流程 …… 32
领养后的健康检查 …… 34
让狗狗早期养成好习惯 …… 35
领养当天容易遇到的问题等 …… 36

4 让幼犬生活舒适的秘诀

幼犬的一天 …… 38
关于居住空间 …… 40
● 准备一个能让狗狗安心的房子 …… 41
● 家中危险的物品和地点 …… 42

关于食物 …… 44
● 没有食欲的时候 …… 46
● 自制狗粮和配菜 …… 48
● 点心的正确使用方法 …… 49

关于厕所 …… 50
● 首先整理好厕所的环境 …… 51
● 领会狗狗排泄的信号 …… 52
● 基本的如厕训练 …… 53
● 训练成在室内室外都能排泄的狗狗 …… 54
问答环节 …… 55

关于社会化 …………………… 56

●社会化的最佳时期和1岁前的成长过程 …………………… 57

●具体的社会化训练 ………… 58

问答环节 …………………… 61

关于玩耍 …………………… 62

●室内可以玩的游戏 ………… 63

●散步后的游戏 ……………… 64

问答环节 …………………… 65

关于散步 …………………… 66

●关于项圈·胸背带·牵引绳的注意事项 …………………… 68

让狗狗在鼓励中快乐地成长 …………………… 70

●坐下 ………………………… 72

●趴下 ………………………… 73

●等等 ………………………… 74

●过来 ………………………… 75

●到便携箱里去 ……………… 76

●到笼子里去 ………………… 77

5 生活中常见的困扰

咬东西 ……………………… 80

啃 …………………………… 81

捡食行为 …………………… 82

吃便便 ……………………… 83

犬吠 ………………………… 84

骑跨 ………………………… 86

扑人 ………………………… 87

主人外出时搞破坏 ………… 88

没法和主人分离 …………… 90

专栏

在分离焦虑症恶化之前 … 92

6 护理时应该事先了解的事宜

了解一下贵宾犬的毛质吧 · 94
什么时候开始给幼犬洗澡和修剪毛发？ …………………… 96
和宠物美容院顺畅沟通的方法 …………………… 98
了解爱犬的体型、毛质和脸型等特征吧 ………… 100
修剪造型集 ………………… 102
●古典·泰迪熊造型 ……… 102
●不对称造型/高贵造型 …… 103
●乡村造型/少女&莫西干式造型 ……………… 104
●蓬松雪人造型 …………… 105
●欧陆·泰迪造型 ………… 106
●短裤造型/梗犬造型 ……… 107
头发造型集 ………………… 108
●喀秋莎造型 ……………… 108
●无敌可爱造型 …………… 109
●彩色接发造型 …………… 109

关于易脏部位的护理 …… 110
关于刷毛护理 ……………… 112
关于洗澡 …………………… 114
脚部和指甲的护理 ……… 116
耳朵和眼睛的护理 ……… 118
关于狗狗的牙齿，你应该了解的事项 ………………… 120
●刷牙 ……………………… 122
专栏
预防污垢的措施也很重要 ………………… 124

7 关心狗狗的疾病和健康问题

宠物医院的选择方法和就诊方法 …… 126
健康检查的要点 ………… 128

贵宾犬常见的疾病和伤病 …… 130
● 内脏疾病 …… 131
● 眼睛疾病 …… 132
● 骨和关节的疾病 …… 134
● 皮肤和牙齿疾病 …… 135
● 荷尔蒙类疾病 …… 136
● 脑部疾病 …… 138
● 生殖器官疾病 …… 139

发生意外时的应急处理办法 …… 140

● 喉咙卡住异物时 …… 140
● 骨折 …… 140
● 脚被割破·身体被咬了 …… 141
● 突然跌倒 …… 141
● 眼睛里进了异物 …… 141
滴药方法、涂药方法、口服方法 …… 142
关于去势和避孕的知识 …… 144
● 去势·避孕手术的流程 …… 146
专栏
提防太瘦或太胖！ …… 148

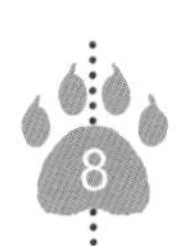

与贵宾犬生活的各种实用信息

领养后 …… 150
疫苗的基础知识 …… 152
应急物品的准备工作 …… 153
预防狗狗逃脱、走失的方法 …… 154
狗狗引起事故后的应对方法 …… 156
托管狗狗时的注意事项 …… 157

结束语 …… 158

前 言

《贵宾犬风采》期刊自创刊以来一直采访饲养贵宾犬的家庭，此次该编辑部首次打造了这本贵宾犬饲养类书籍。

目前，贵宾犬作为最受欢迎的犬种基本上都和主人一起生活在室内。狗狗和主人相处的时间越来越长，带给主人更多快乐。然而，如果是第一次和狗狗一起生活的话，自然会面临训练、照顾、健康管理等问题带来的不安和烦恼。本书在介绍贵宾犬习性的同时，也介绍了在与贵宾犬共同生活中需要注意的各种信息和小窍门。

因为缘分，你开始和眼前这个小家伙一起生活。如果这本书能帮您带给它一生的幸福，我们将感到无比欣慰。

贵宾犬的一生

身体健康的话，贵宾犬可以活到十多岁。我们用年表介绍一下贵宾犬的一生，以及它们的各种变化等。

贵宾和人类年龄的换算表

跟每年长一岁的人类相比，狗狗的年龄是以4~7倍的速度增长。当然，变老的速度也比人快，其速度一般会因各自的个体差异和环境等因素而不同。

狗狗	1个月	2个月	3个月	6个月	9个月	1年	1年半	2年	3年	4年	5年	6年	7年
人类	1岁	3岁	5岁	9岁	13岁	17岁	20岁	23岁	28岁	32岁	36岁	40岁	44岁

狗狗	8年	9年	10年	11年	12年	13年	14年	15年	16年	17年	18年	19年	20年
人类	48岁	52岁	56岁	60岁	64岁	68岁	72岁	76岁	80岁	84岁	88岁	92岁	96岁

出生~1岁

出生后的第一年时间是贵宾犬身心的发育期，相当于人类成长到17岁的程度。在这段时间，一定要好好教育狗狗与人类相处的规则。

出生　1星期　满月　2个月

身体方面

- 从出生到断奶的这段新生儿时期是狗狗一生中最危险的时期，死亡幼犬中约有60%是集中死于这段时期的。
- 体重大约增加到出生时的两倍，14天前后狗狗会第一次睁开眼睛。起初，黑眼珠会透着蓝色，看东西时也是发呆的状态。
- 开始长乳牙了。
- 腿部开始有力量，可以灵活地跑动，或者在周围玩耍。
- 乳牙全部长齐了。
- 由母乳带来的幼犬免疫力完全消失。
- 出生后的第2个月，狗狗需要接种第一次疫苗（参考P152）。

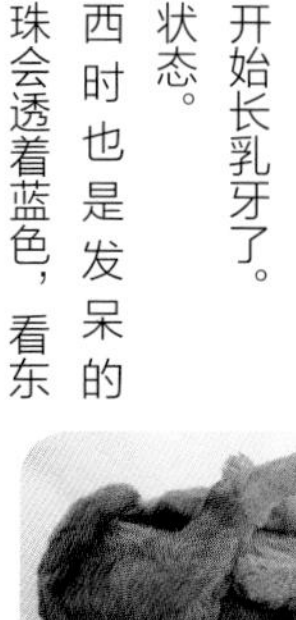

心智方面

- 狗狗的妊娠期约60天。狗妈妈的性格及生活环境会对幼犬产生很大的影响。
- 这段期间可以看出狗狗的力量对比，例如力量大的狗狗会一直吸吮狗妈妈奶水充足的乳头。
- 五官开始慢慢清晰，动作也变得灵活了，可以开始跟狗妈妈或者兄弟姐妹玩耍了。
- 换算成人类年龄的话，应该是快1岁的时候。
- 开始让它们养成去厕所和住房的习惯，为了保证狗狗的任何部位被触碰都不会有剧烈反应，需要每天进行练习。

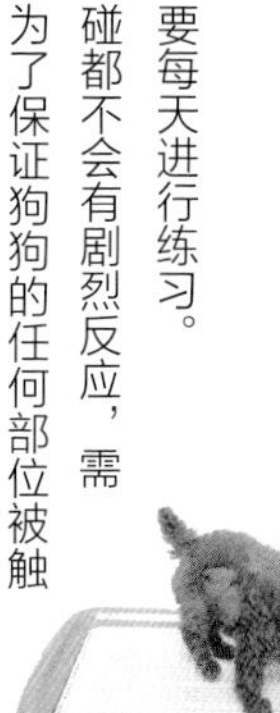

生活方面

- 当狗妈妈不能照顾幼犬时，主人需要用玻璃吸管给幼犬喂幼犬专用奶，还要轻轻刺激幼犬的肛门和尿道，促进排泄，最后不要忘记擦拭干净。
- 这期间幼犬开始灵活地活动，要格外注意的是确保其生活空间内没有危险的地点或物品。
- 断奶的替代食物要分3~5次喂食，浸泡干类狗粮时要视情况逐渐提高食物的硬度。
- 当被带到新的家庭时，由于环境发生了很大变化，所以一定要特别关注狗狗的身体状况。

3个月　4个月　6个月　10个月

●第二次接种疫苗1周~10天后，接种第三支疫苗，至此幼犬期间需要接种的混合疫苗就全部接种完毕了。

●主人有义务在狗狗出生90天后为其接种狂犬病预防疫苗，请一定不要忘记。之后，每年的春天也都要接种一次。

●乳牙开始脱落

●考虑给狗狗做避孕手术时，一定要跟家人商量。

●此时，如果乳牙尚未完全脱落、有残留，请咨询宠物医生。

●雌性马上就会迎来它的第一次发情期。

※发情期的状态：狗狗的发情期一年有两次。发情期前期是指发情的前1周~10天，雌性阴部会膨胀出血。进入接受雄性的发情期后，出血减少。而之后的2~3周被成为发情期后期，雌性阴部肿胀消退，开始拒绝雄性。

●幼犬开始向成犬发育，如毛质变硬、犬毛卷度变强等。

●磨牙越来越厉害的期间。幼犬之间互相咬着玩，因为换牙时嘴里痒痒，当看到人的手或者衣服摇摇晃晃的，狗狗会觉得很有趣，而去轻咬你。你可以给它一些咬不破的玩具来满足它咬东西的欲望，但同时也要教育它，“人的身体是不能随便咬的”。

●这期间，雄性和雌性的整体身心差异开始显现。

●性格基本上定型，开始萌生自我意识。面对陌生的人类或狗狗，雄性开始表现出很强的警戒心或者领土意识变强，做的记号也越来越多。

●雄性即将进入性成熟阶段，交配意识逐渐增强。

●这个时期，狗狗已经可以吃下干类狗粮或较硬的食物了。

●第三次疫苗接种完毕后，就可以到室外散步了。在那之前，先在室内给狗狗带上项圈和牵引绳练习练习吧。

●第一次室外散步完成，这时映入狗狗眼帘的都是新鲜的事物。一定要注意的是，不要让狗狗在散步时捡垃圾吃，或者在室内吃错东西。

●这个时期，狗狗的食量开始稳定，吃饭的次数也该固定到一天两次左右的程度。给食过多会导致狗狗肥胖，所以一定要测量好食物的量。如果你家狗狗食量小得令人担心的话，建议去咨询宠物医生。

●如果你家附近有同样处于发情期的雌性，而你家狗狗又未做绝育手术的话，那么一定要注意，此时狗狗的交配意识增强，可能会出现从家逃跑，或者食欲不振等现象。慢慢替换为成犬的狗粮。

1岁~10岁

这个时期被称为成犬、壮犬期，是体力最充沛的时期。一定要保证每天进行充足的运动及健康管理，为老后的生活打下结实的基础。

身体方面

- 银色贵宾的毛色基本稳定下来。
- 身体基本发育完全。不过，不同的狗狗其成犬期与幼犬期相比，身体的模样、毛色等有时会发生变化。
- 这个时期，狗狗开始显现出从父母那里继承来的体质等特征。发现生病的征兆或症状时，一定要及时就医。
- 做了绝育手术的狗狗，其体内荷尔蒙的平衡被破坏，所以即便喂食跟以前相同量的食物时，狗狗也会出现肥胖症状。因此，要在遵循宠物医生建议的情况下，调整食物的量。

心智方面

- 进行适当的社会化，以避免不安情绪变强烈，例如害怕其他的人类或狗狗、主人不在时很焦躁等。
- 在继承了父母性格的同时，狗狗各自的特性更加清晰。

- 性格变得沉稳，恶作剧也收敛了很多。跟主人的信赖关系越来越深，但同时也表现出任性的一面。这时不能责骂它，而要善于利用点心、玩具等奖励来处理，避免问题的恶化。

生活方面

- 慢慢替换为成犬的狗粮。
- 散步时狗狗可能会挣脱项圈跑掉，所以要记得给它佩戴养犬许可证、住址牌或者宠物芯片等。
- 2~6岁，这期间狗狗的精力和体力都很充沛。如果你家狗狗特别活泼，那么你可以带它去遛狗公园，让它自由地奔跑；或者带它去旅行，但注意距离不能太远，以免给它带来压力。通过这些方式，给狗狗留下许多美好的回忆。
- 和爱犬进行肌肤接触是发现它身体异常（硬块、肿瘤、皮肤脱皮等）的绝好机会。散步回来后给狗狗护理的时候或其他时间，都可以进行肌肤接触，最好每天坚持。

5岁　6岁　7岁~10岁

●骨骼、肌肉、毛色等特征都稳定了，狗狗独有的趣味也开始表现出来。

●被毛的颜色逐渐变浅，开始出现中年狗狗的变化。

●如果发现狗狗在之前可以轻松地跳上跳下的地方有些迟疑，那么它的体力可能开始一点点的减退了。

●每年要去宠物医院做几次体检，健康管理不能懈怠。

●当狗狗出现食欲猛增或不振、喝水多、多尿、变瘦、运动一会儿就疲惫或者精神不振之类的，你觉得跟以前不一样的现象，那么就要尽快去宠物医院就诊。

●牙周炎长期不好的话，口臭会越来越严重，或者出现牙龈出血现象。随着病情的恶化，还可能引发肝病、风湿病或心脏病，所以狗狗口腔的检查和清洁也是不容忽视的。

●以前能做的动作变得力不从心，对狗狗而言越来越没自信，也没什么精神了。

●这时你要多发出它擅长的指令，或者玩它擅长的游戏，帮狗狗找回自信。

●年龄虽然增长了，但生殖本能却未衰退。尤其对于雄性来说，面对异性的本能反应一点没变。

●以前很喜欢剪指甲，但现在却很排斥，时而做一些任性的行为之类的，这些都是衰老的信号。

●是时候着手调整狗狗的居住环境，以适应老后的生活了。此外，随着年龄的增长，心脏病或者呼吸器官疾病会变得格外的严重。当主人察觉到狗狗“是不是瘦了？”的时候，其实它的体重已经减轻了很多，疾病已经对身体造成了很大的损害了。这个时期一定要关注狗狗体重的增减。

为了防止狗狗从床上滑下来受伤，请铺上地毯。/在狗狗的活动范围内，尽量保证没有台阶。/睡觉的地方设在1F而不要设在2F，等等。

●这个时期，狗狗的运动量和代谢量都开始降低。可以吸收的食物营养价值大约只有之前的80%。你需要在宠物医生的指导下考虑逐渐替换成老年狗粮。

●盛夏或严冬季节，你需要重新调整爱犬的睡觉环境，以确保舒适。贵宾犬是单层被毛，自身御寒能力弱，主人要记得做好御寒准备。带它进行简单的散步，陪它在院子里玩耍。

11岁及以上

11岁~　　16岁~

身体方面

●视力消失，肌肤暴露在外边的部位颜色变暗淡。

●10岁以上，体重在10kg以上的狗狗最常见的疾病是变形性颈椎炎或变形性关节炎。

●走路变慢，步履蹒跚。

●牙齿脱落，下颚力量变弱，嚼不动硬的食物。

●有患痴呆症的可能。不同狗狗的发病年龄不同，但当出现以下症状时，请咨询宠物医生。

走路徘徊/不分白天、晚上叫不停，到处排泄/进到狭窄的地方出不来/身体消瘦，等等。

●很多贵宾犬到了20岁左右依旧有活力。请努力把它们饲养成健康长寿的狗狗吧。

心智方面

●视力虽然减弱，但嗅觉却很难衰退。给狗狗发出的指令也要保证在它力所能及的范围内，不要给它的身体带来负担，通过这些帮它找回自信。

●当狗狗乱咬或者吼叫的时候，可能是它身体疼痛的部位被触碰了，或是因为视力变弱，看到面前物体而做出的条件反射。

●搬家、房间样子改变或被带到陌生场所之类的环境发生巨大变化时，狗狗会感到巨大的压力，一定要注意。

●如果主人没有关注到狗狗的情绪变化，它会感到很寂寞，从而发出吼叫。这个时期，你要尽量多陪在它身边，和它说说话。如果你家狗狗喜欢散步，这个时候你还要抱它去外面呼吸新鲜空气，陪它散散心。

生活方面

●带它进行简单的散步，陪它在院子里玩耍。

●如果它嚼不动硬的狗粮了，那么你要在宠物医生的指导下，给它换成柔软的狗粮，同时把餐具放到台子上面，减轻它吃食的负担。

●这个时期，狗狗很容易追着主人跑到门外从而迷路，或是跑到意想不到的地方去。一定要再次检查门窗是否关好。

●走路徘徊或者不能正常排泄的情况越来越多，所以要使用缓冲性好的围栏。当它躺下再也起不来的时候，要经常调整床垫的位置，确保床垫不要错位。家人合作，一起来照顾它吧。

虽然不能阻止狗狗一天天的变老，但是却可以防止疾病的恶化，可以为它们提供舒服的环境。在宠物医生的指导下，让我们一直支持狗狗走到最后吧。

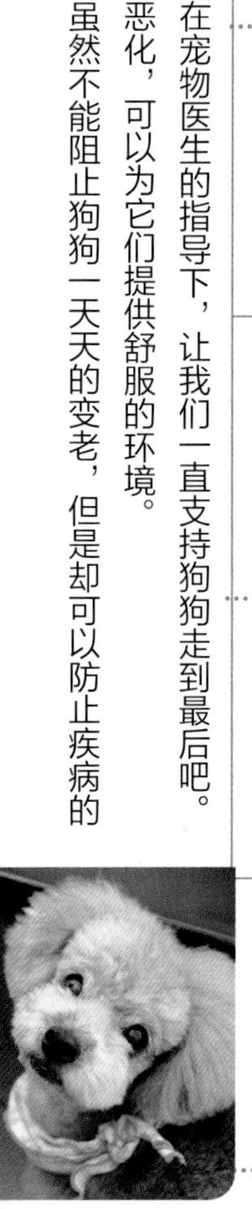

领养前的准备

饲养贵宾犬前应该事先确认的事项，以及需要准备的物品。

要深思熟虑哦！

你做好照顾它一生一世的思想准备了吗？

**买是一瞬间的事，但养却是一生的事。
你真的能给它一生的幸福吗？**

今后十几年的家庭构成和环境变化也要考虑进去

贵宾犬看起来非常可爱，这是毋庸置疑的，同时，跟柴犬等犬种相比掉毛也少，所以近几年贵宾犬的人气剧增。尤其是玩具型贵宾犬，因其体重轻，连女性都能很轻松地抱起来，所以大家会产生一种错觉，觉得它们很好照顾。然而，事实上照顾好它们是要花费很多工夫和时间的。

首先必不可少的是每天的日常护理。因为贵宾犬的毛质柔软、容易起球，所以每天都要用针梳之类的工具修理它打结的毛发。此外，贵宾犬的毛发如果不修理的话，会不断长长，所以每个月都要修剪。

贵宾犬特别聪明，又善于观察，所以有时待人的态度会因人而异，有时则能预见主人的行动指示或训练指令，擅自行动起来。

作为精力充沛的狗狗，如果它的体力不能得到完全释放的话，它就会因为欲求不满而乱叫，或者搞破坏。贵宾犬外表看起来虽然像毛绒玩具一样，但千万不要忘记它是狗狗、是动物，所以每天的散步、体力释放、社会化训练是非常重要的，一定要确保做到以上几点。可爱的幼犬时期是非常短暂的，每天生活在一起转眼间十几年就过去了，狗狗也迈入了老年期。

包括社会化训练在内，每天要散步两次，每次30分钟以上。平时让它的体力得到充分的释放也很重要。

这期间，它可能会出现遗传疾病，或是生病、遇到事故、受伤等，这些时

开始饲养时的主要支出

家犬登记费 … 约1000元，以后每年500元
狂犬病预防接种 … 50~90元
混合疫苗的接种 … 约60元×2~3次
※其他：就诊费、日常用品和狗粮的购买费用

以上各项费用会因地域不同而收取的手续费也不同，不同宠物医院的价格也不相同。此处列举的价格是东京都市区部的参考价格。

年均主要支出

狂犬病预防接种 … 50~90元
混合疫苗的接种 … 约60元×1次
跳蚤、螨虫的驱虫药费 … 约50元
美容费 … 200元左右×12个月
※其他：就诊费、日常用品和狗粮的购买费用

候都需要支付医疗费。所以，以下事项你必须事先了解，那就是和狗狗生活在一起，你首先要付出金钱，因为食物、日常护理、医疗，有时候甚至连训练等都需要支付一定的费用，此外还会花费你的精力和时间。

随着狗狗年龄的增长，人类年龄也在增长。目前，因为饲养者的高龄化、夫妻离异、家庭经济问题等原因，中途放弃饲养的事情不在少数。所以作者要说下面这些严肃的内容，在领养新的狗狗前，首先要完成左侧列出的测验项目，同时认真考虑今后十几年的家庭构成和环境、自己或父母的健康情况以及收入等多方面的问题，以及“自己是否真的能够照顾它终老”。

此外，还要认真考虑从哪里领养的问题，千万不能因一时冲动就随便领养了。

饲养前，请再次确认！

- □ 你家的环境是否适合饲养狗
- □ 家人是否同意
- □ 家中是否有人不适合与狗狗生活
- □ 目前是否有搬家等改变居住环境的打算
- □ 是否不管什么时候都能随时准备出狗狗的治疗费用
- □ 每天多次、共1个小时的遛狗时间是否有
- □ 是否有充足的时间给狗狗喂食、护理以及训练它
- □ 能否保证不让狗狗长时间独自留在家中
- □ 是否做好了照顾它终老的心理准备

时间、精力、经济能力，以及领养后能否照顾好它等，都是你在领养狗狗前需要认真考虑的。主人不能中途放弃饲养，有义务照顾它的一生。

先备齐必需的日常用品吧

为了迎接即将到来的狗狗，你需要事先准备居住空间以及每天的生活、护理和训练所必需的物品。

笼子／围栏

可以作为狗狗的房子，进行如厕训练或遇到险情一起避难时也可以使用，因此最好事先准备。

饮水器

饮水器有稳定性好、水不易溢出的，也有带管嘴的，你可以选择适合家中环境的类型。

狗粮和狗食盆

先询问领养处最初喂食的狗粮种类，然后准备一样的狗粮。狗食盆要选用稳定性好的。

便携箱

外出乘车、去医院或带狗狗出去旅行之类的场合都能用到。当然也可以当房子用。

狗狗便盆／尿片

狗狗便盆和尿片是必需品。尿片有标准型和加宽型的，如果你家狗狗会咬破尿片，那么你还可以选用网状尿片。狗狗便盆的尺寸和种类也很多。

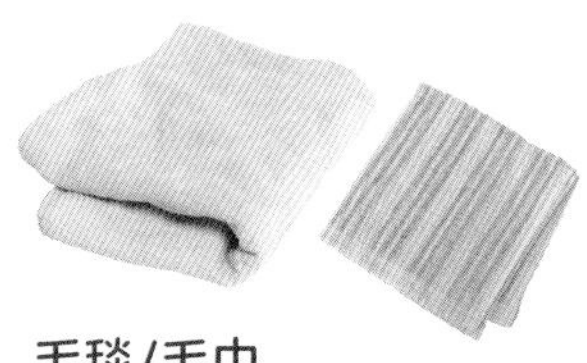

毛毯/毛巾

用来铺在便携箱或围栏里。可以当作睡觉用的床，狗狗闻到上面残留的自己的味道，能够安心入睡。

玩具

推荐又能咬、又能拉伸的绳状玩具，以及可以塞进零食、用于看家时咬玩的益智类玩具。如果给它棉质的玩具，它独自在家时可能会咬破玩具，吃掉里面的填充物，所以一定要注意。

住址牌

万一狗狗走丢或找不到了的时候，能够派上用场。请选用防水型的。

牵引绳

因为刚开始饲养，所以推荐较轻、适合自己手感并且容易操作的牵引绳。第一次外出散步前，请先在室内练习使用。

项圈

疫苗全部接种完毕后才能外出散步。请选择可以调节大小的项圈，刚开始请先在室内练习如何给狗狗佩戴项圈。

便捷工具

瓷砖垫

可以贴在地板上起到防滑的作用，脏的地方直接撕掉换上新的即可，非常方便。

防止搞破坏用的围栏

不想让狗狗进入的区域可以用围栏之类的东西围起来。也可用来防止狗狗从台阶上滚落，或进入厨房吃错东西。

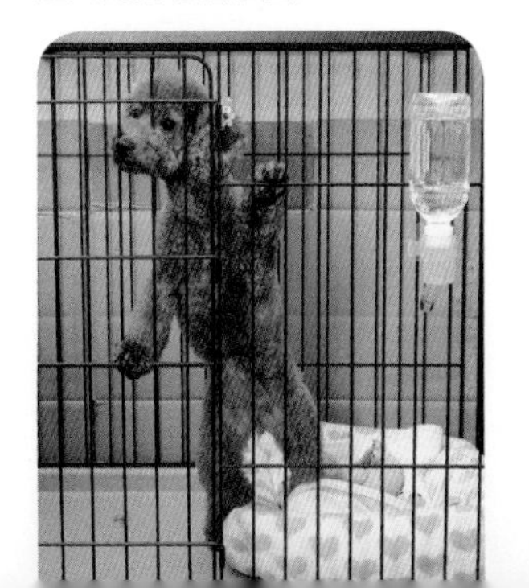

日常养护工具

针梳

这是每天给狗狗刷毛时不可或缺的梳子。建议给贵宾犬使用柔软型的梳子。

指甲刀

很多狗狗不喜欢剪指甲，因此要在幼犬阶段就多练习，让狗狗养成经常剪指甲的习惯。最好备上止血剂。

湿纸巾

散步回来时使用。用来擦脸、脚、全身、肛门等部位，非常方便。

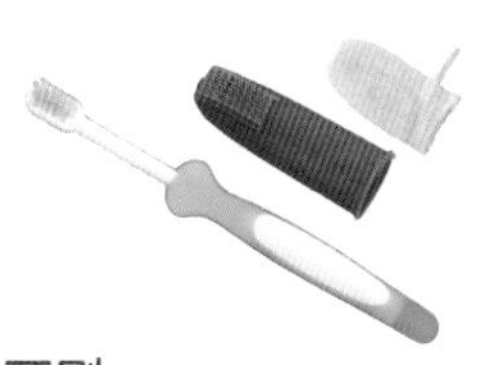

牙刷

种类较多，有戴在手指上的，也有纱布材质的。儿童用的牙刷也OK。

领养幼犬前的最后确认事项

在领养幼犬前，请和家人或者预计照顾狗狗的人一起来检查。

□ **必备物品已准备齐全**

最好从幼犬到来那天起就进行房子训练、厕所训练以及养护练习。因此请确认是否有遗漏的物品。

□ **领养幼犬后的一周内，请安排值班表，以确保每天家里都有人。**

环境的变化可能会影响狗狗的身体状况，同时为了掌握狗狗上厕所的时间并且引导它到正确的地方上厕所，最初的一周，请尽量留在家里。

□ **确定照顾狗狗的人选及任务分工**

第一次散步后，谁负责早上遛狗、谁负责晚遛狗以及什么时间去之类的任务分工请事先安排好。

□ **选定宠物医院，取得联系**

领养当天要带狗狗去做体检，因此请务必事先选定一家附近的宠物医院，掌握医院的联系方式和停诊日等信息。

□ **请规定，当狗狗身体状况出问题时，应该由谁、以何种方式带狗狗去宠物医院**

有时狗狗的身体状况发生恶化时家中能够开车的人可能上班去了，这时车子就不能用了，因此要准备紧急时刻可以使用的交通工具或联系方式等。

□ **给幼犬打造一个舒适的生活环境，不能太冷，不能太热**

房子或围栏的安放地点，应该在参考家人意见的同时选取一个能够让狗狗安稳睡觉的位置。一定要设在一个一年四季都不会被太阳直射的位置。

□ **需要狗狗长时间留守家中时，有值得信赖的朋友帮忙照看**

先找一个可以代替主人帮忙照顾狗狗的亲戚或朋友。如果没有合适的人选，可以考虑托管到宠物保姆或宠物旅馆。

□ **家人一起讨论过狗狗的训练方针**

每个人的训练方法不同的话，狗狗容易混乱。因此要事先商议训练狗狗的主要担当或者训练方针。

□ **全家外出时的对策**

遇到因不得已的事情全家必须外出的情况，要事先决定把狗狗托管到哪里，或拜托谁来家里照顾狗狗。

□ **主人的身体状况良好**

每天要带狗狗散步2次，还有做日常养护、准备食物，因此主人身体状况不好的话，是不能照顾好狗狗的。特别是散步，是必需项目。因此一定要确保自己的身体状况良好。

从领养那天起，需要做的事情

期待已久的与幼犬的共同生活终于要开始了！
让我们来详细介绍一下领养当天的准备工作吧。

领养当天的流程

期待已久的与贵宾犬的生活终于要开始了。环境的改变会让幼犬感觉不安，所以精心打造一个可以让幼犬放心的环境吧。

上午去领养，然后直接去宠物医院

当天，请上午去领养，回家之前去宠物医院做全身体检，然后再带回家。环境的骤变会影响幼犬的身体状况，所以下午让幼犬好好休息休息。如果在傍晚时刻去领养的话，那么一定要在第二天一大早就带它去医院做体检。

携带的东西

需要携带用来记录注意事项的笔记本和笔。

可以放得下幼犬的箱子或宠物背包等。

箱子里先铺上毛毯或毛巾。

移动距离较远时，中途记得给幼犬喂水。

移动过程中幼犬可能排泄，所以准备好处理用的袋子。

带上尿布和湿纸巾等。

① 去迎接

使用幼犬感觉舒服的交通工具

有些幼犬会因不习惯移动而紧张，或是容易晕车的体质，所以移动距离尽量要短一些。如果你驾车去迎接幼犬，那么请注意要用安全带固定住箱子或宠物背包，同时保证车内温度适中，空调出风口不能直接对准幼犬等。

② 到达领养处

咨询的事项都要事先写在笔记本上

面对一直以来照顾幼犬的店员，有些问题你必须要询问清楚，同时也有一些物品必须索要，千万不要遗漏。最好当天能拿到的物品有贵宾犬的血统证书、已接种疫苗的证书等。为了减轻幼犬的不安，可能的话最好索要它一直玩的玩具，或者有它气味的毛巾等物品。

需要事先跟领养处确认的事项

排泄的次数和状态

一天中在什么时间排泄、排泄几次以及排泄前的表现等。最好能有健康状态下幼犬便便和尿液的照片。

关于食物

狗粮的种类、量、喂食方法（泡软等）、次数、饮食习惯（饭量小之类的）。

幼犬的性格

倔强、温顺、喜欢人类等，事先询问清楚的话，对今后狗狗的训练很有帮助。

关于病历和父母

在对方可告知的范围内，询问幼犬的病历、父母的性格等。

血统证书

疫苗接种证明

3 回到家以后

首先把幼犬放到笼子里

乘坐交通工具以及环境的巨大变化使得幼犬身心疲惫。所以，回到家以后先把幼犬放到你事先准备的笼子里。狗狗稍作休息后，会喝点水，然后应该会排泄。收拾好排泄的东西后，让它好好休息。

小要点

喂幼犬喝水吧

狗狗排泄后，请立即打扫，并换上新的尿片

喂食

到了吃饭时间，请给幼犬喂食，食物要跟以前的食物保持一致。有时因为紧张和疲惫，幼犬第一天可能不想进食。如果过了30分钟狗狗还是不吃，那么请暂时把食物撤掉。

让它玩耍一会儿

当幼犬睡饱了、食欲恢复了、排泄物也正常了以后，把它从笼子里放出来，自由活动10分钟左右。它会在室内四处探索，你要在它身边看着，片刻不离。

为了能让幼犬睡得安慰，你可以用布把笼子盖上

让它好好休息

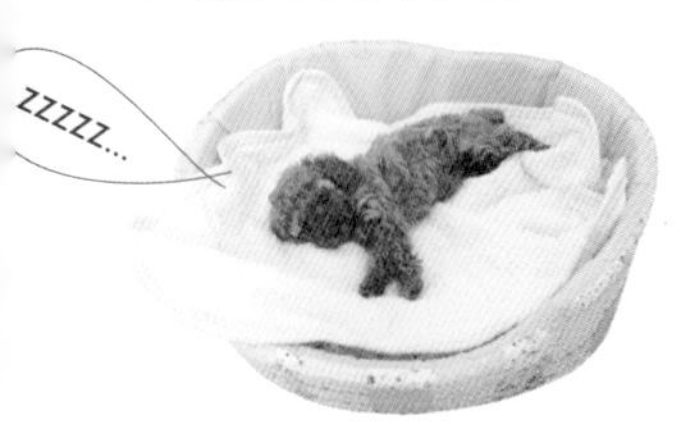

第一天，把幼犬从笼子里放出来一次就可以了，最重要的还是让它好好休息。如果它叫唤着要出来，只要你不理睬，它就会放弃，然后去睡觉。最重要的还是睡眠要充足。

晚上也让它在笼子里休息吧

注意！

不溺爱也是爱的表现

幼犬太可爱了，你可能不知不觉地就想摸摸它、跟它玩耍，但不溺爱，让它好好休息也是十分重要的。同时要仔细检查幼犬的排泄情况和健康状况。

领养后的健康检查

只有主人能够守护幼犬的健康。任何细小的异常都不要放过，发觉不对劲立即送宠物医院。

稍有延迟就会有生命危险，身体状况管理一定要万无一失。

万一幼犬在领养处感染了疾病，很有可能传染给家人或者家中的狗狗。此外，幼犬的病情经常会骤变，发现晚了就会有生命危险。因此，即便幼犬看上去很健康，也要在领养当天或者第二天带它去宠物医院做全身检查。

食欲和精神状态

领养当天，幼犬因为疲惫会显得很老实。但一般来说，幼犬除了睡觉的时候，其余时间都是活蹦乱跳的。如果你家狗狗在领养的第二天依然没有精神，那么它很有可能是感染了某种病毒或细菌，或者是身体有旧疾。

排便的状态

健康的便便是硬的，是可以用纸巾抓起来的硬度。如果你家幼犬的便便比较软，那么就要带上便便去咨询宠物医生了。此外，有的狗狗肚子里会有寄生虫，因此有时便便中会混有白色的、长长的、在蠕动的东西。这时要立即带上便便去宠物医院。

咳嗽

幼犬咳嗽的话，一般会怀疑得了以下两种病，即犬传染性气管/支气管炎和犬瘟热。尤其在冬天，病毒易活性化，患犬传染性气管/支气管炎的概率比较大。如果在医院接受了传染性气管/支气管炎的治疗仍不好转的话，那么就可能得了犬瘟热。

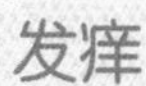

发痒

发痒多是因为长了跳蚤。如果幼犬用脚挠身体，或者后背和腰部的毛脱落，那么先将它放到一张白纸上，然后用梳子梳理全身的毛。如果发现有类似垃圾的小黑粒（跳蚤的粪便）或小白粒（跳蚤的卵）掉落到纸上，那么要立即带幼犬去医院。

是否有湿疹

如果皮肤出现异常，如下腹等部位出现红色湿疹或者类似粉刺的东西，要立即带狗狗去医院就诊。狗狗的皮肤疾病有时会传染给人类，再加上皮肤疾病的种类很多，所以一定要特别关注。

爪子是否伸展

如果幼犬的爪子处于伸展状态，那么它很有可能是爪子挂在了地毯之类的东西上跌倒了，从而导致的骨折。如果它出生以来没剪过指甲，那么则可能是爪子缝隙里塞满了便便之类的东西。所以，先用指甲刀给它剪指甲吧，同时别忘了给它一些奖励哦。

让狗狗早期养成好习惯

作为贵宾犬训练的基本，在其幼犬阶段就要坚持每天培养。所以在饲养狗狗的早期就开始练习吧。

把它培养成不怕被触摸的狗狗吧

有些狗狗很讨厌别人碰触它的身体，或者在宠物医院接受治疗时用力反抗，没办法抱住或固定住它。如果在幼犬时期就让它习惯了被人触摸，那么在接受治疗或者每天做护理的时候，你会省很多事。为了避免它的反抗给你和它自己带来的压力，坚持每天练习是很必要的。

试着摸它的嘴巴

用手试着摸它的嘴，然后打开嘴巴，这样反复练习。再练习用手指摸它的牙齿和牙床，这样在给狗狗刷牙或者喂药的时候就很方便了。

试着翻起它的耳朵

在幼犬放松的状态下，摸它的耳朵，然后试着翻起它的耳朵，检查是否有耳漏或炎症。

试着抱它

抱起幼犬，试着触摸它的背部和胸部等部位。在它感觉很舒服的部位，轻轻地多抚摸几下。

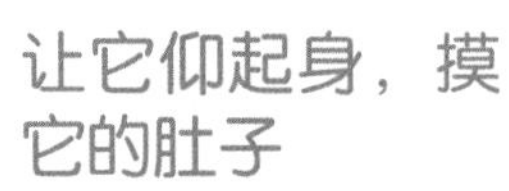

让它仰起身，摸它的肚子

仰身抱着它，抚摸它的肚子。如果这种姿势下它表现乖巧的话，那么日常的健康检查就很省事了。

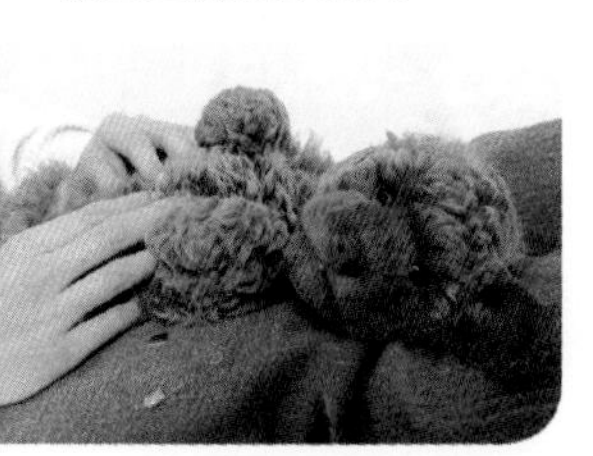

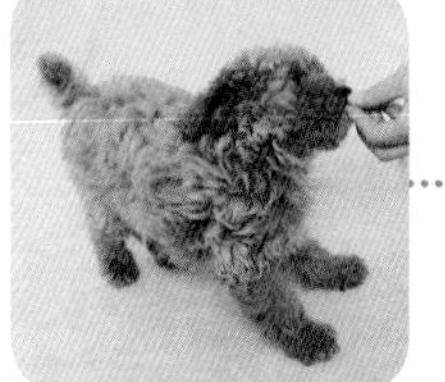

试着用手喂食

试着用手给它喂食，目的是为了让狗狗知道，人的手是给它喂食的“友好东西”。

POINT

如果狗狗反抗的话，不要勉强，试着给它一些奖励，让它慢慢适应

当幼犬处于兴奋状态，或者磨牙比较严重无法触碰的时候，不要勉强。给它一些点心之类的奖励，然后循序渐进地触碰它的身体，让它慢慢适应。

领养当天容易遇到的问题等

“它为什么有这种行为？”，第一次和贵宾犬生活的主人都会有很多类似这样的困惑。下面介绍一下领养当天令人困惑的行为和对应办法。

面对陌生的环境、陌生的人类，幼犬充满了不安

离开了熟悉的地方，幼犬独自来到一个新家。领养当天，幼犬可能会做出以下行为，你要好好守护在它身边，努力去体会它的不安情绪。幼犬的适应能力极强，所以它可能很快就跟主人熟悉起来。

胆怯

开始可能害怕男人

在店里时，女性照顾幼犬的情况居多。因此，如果幼犬对于男性的声音不习惯的话，很有可能会害怕你家里的男性。不过随着每天和幼犬的接触，以及精心照顾，它很快就能熟悉起来，因此这种行为不必担心。

不吃饭

注意使用相同的狗粮

紧张、不安加上疲惫，幼犬第一天不吃饭的情况较多。此外，狗粮、容器等的变化，也可能导致幼犬第一天不吃饭。因此，狗粮的种类和形态一定要保证和以前一样。

夜里乱叫

一直跟狗妈妈和兄弟姐妹生活在一起的幼犬，有时会害怕寂寞

有的幼犬晚上从不乱叫，也有的幼犬整晚乱叫、或是接连好几天一直乱叫。特别是一直跟狗妈妈或兄弟姐妹生活在一起的幼犬，夜里越容易乱叫。有的幼犬是嘤嘤叫，有的则像成年犬似的远吠，声音低沉而洪亮。如果你家狗狗夜里叫得厉害，你可以尝试睡在笼子外面陪它。

让幼犬生活舒适的秘诀

关于住、食、训练以及必须让幼犬掌握的上厕所问题等，教你一些实用的技巧。

幼犬的一天

幼犬年龄越小，睡眠时间越长。在它睡觉的时候千万不要打扰它，等它睡醒了，要跟它一起玩耍。

吃好、睡好、玩好，用主人的爱好好培养狗狗吧

幼犬健康成长的必要条件是，吃好、睡好、玩好，还有主人的爱。特别是在幼犬出生后约两个月，主人要尽可能地体验幼犬的生活节奏，照顾它吃饭、排泄。幼犬吃饭和排泄的次数以及睡眠时间都会随着年龄的增长而减少，所以你要温暖地守护在它身边。

出生后两个月左右，1天分3～5次喂食

出生后6～7周，幼犬开始断奶，一般领养的时间都是在幼犬两个月大的时候。这个时期，1天要分3～5次给它喂食，每次少量。如果幼犬长时间没进食，容易出现低血糖，所以一定要注意。

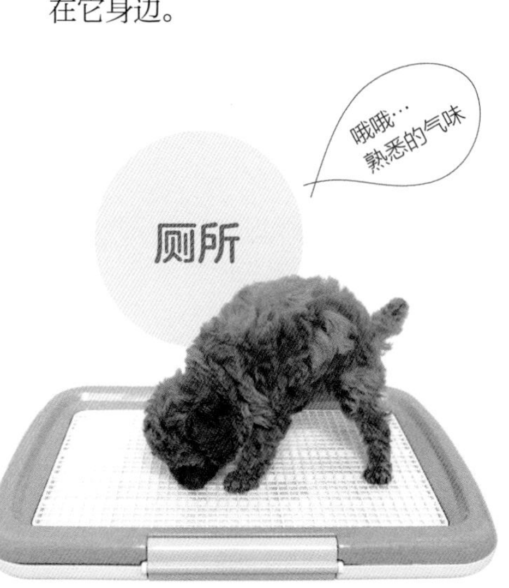

睡醒后、饭后、玩耍后是上厕所时间

与吃饭的次数一样，幼犬越小，排泄越频繁。一般在幼犬刚睡醒、刚吃完饭、运动后或者玩耍中最有可能排泄。在收拾排泄物的同时，注意给幼犬进行如厕训练，同时通过排泄物的状态留心它的健康状况。

玩耍

从睡梦中醒来，就到了玩耍的时间了。

幼犬从睡梦中醒来开始活跃起来后，主人要给它玩具之类的，跟它一起玩。此外，让幼犬在房间内来回走动也是满足它好奇心的游戏之一。在确保室内没有危险物品的前提下，让它随意走动吧。

睡眠

幼犬的睡眠特别重要，别吵醒它！

出生后两个月的幼犬特别可爱，你可能不知不觉地就想吵醒它、跟它亲近。但这个阶段，让它安安静静的睡觉很重要。有时它可能玩着玩着就睡着了，你要记得把它抱回房子里。

出生后4个月·雄贵宾（领养后一个月）的1天的生活

此处只是举了一个例子。你要根据自家幼犬的状态，找到它的规律，然后好好照顾。

时间		
6:00	起床	上厕所 吃饭
8:00		
10:00		玩耍 上厕所
12:00		吃饭 上厕所
14:00		玩耍 上厕所
16:00		吃饭 上厕所 玩耍
18:00		
20:00	就寝	玩耍 上厕所

除了吃饭、上厕所、玩耍、被声音吵醒以外，都是睡眠时间！

如果你家狗狗的房子设在客厅，那么最好早点关掉电视机。

关于居住空间

如果有一个舒适的房子，那么幼犬在成长过程中出现的各种各样的问题行为将有所减少。在饲养的初始阶段好好学习吧。

当幼犬记住狗笼和厕所的位置后，就可以扩大它的活动范围了

在饲养的初始阶段，为了方便幼犬记忆自己房子或者睡觉位置以及厕所的位置，要尽可能地限定幼犬的活动范围。为了不让幼犬感到寂寞，可以把作为房子的围栏或者笼子安放在客厅之类的家人聚集的地方。避免放置在空调出风口以及太阳直射的位置。

此外，狗笼不能放在进出较频繁的门口附近，要放在房间的角落里。因为那里比较安静，幼犬能够安心睡觉。晚上，为了让客厅里的幼犬早早休息，可以用一大块布将狗笼盖上。

经常外出的家庭可以准备较大的围栏，在其中准备好水、厕所、床铺和一只安全的玩具。此外，围栏最好准备有屋顶的那种。因为随着年龄的增长，幼犬的体力越来越大，活泼的幼犬很有可能爬出围栏，在家人都不在家的时候在房间内随意走动、排泄，甚至搞破坏。在厨房之类的不想让幼犬进入的区域可以设上防侵入的保护栏等，以免发生误饮或者其他意想不到的事故，这也是十分重要的。

近些年，当主人不在家时，在紧闭的室内狗狗中暑的事件时有发生；还有因智能空调无法察觉狗狗的存在而停止工作，导致狗狗丧命的事件也存在，所以夏天应特别注意。

不要使用易滑倒的地板

疫苗全部接种完毕前，不能带狗狗外出散步。在家中玩耍时要在地板上铺上地毯，防止打滑，以及减少狗狗脚部的负担。

走廊的地板也要下功夫，把它变成即使雨天狗狗也能奔跑的游乐场地。

准备一个能让狗狗安心的房子

根据房间的大小以及布局问题等，选择合适的房子。最重要的是“狗狗是否能够住得安心”。

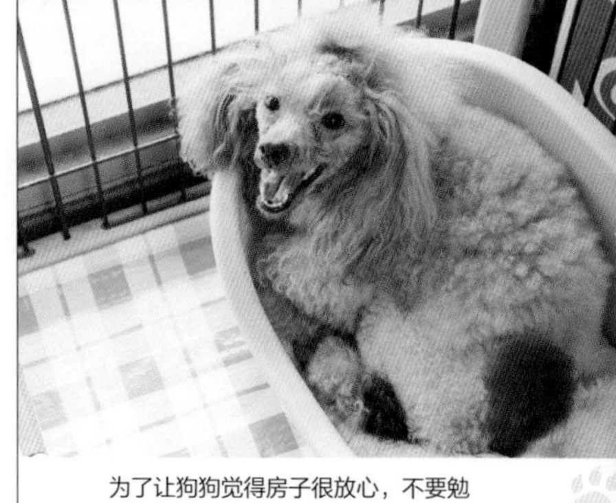
为了让狗狗觉得房子很放心，不要勉强把它塞进房子里，要给它留下好印象。

●室内房子的设置案例

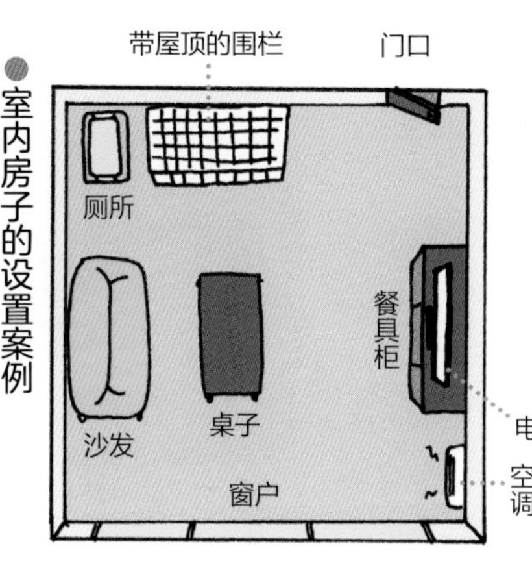

最初将围栏或笼子放置在家人聚集的客厅，避免放在房间出入口附近和空调出风口等位置。按照P76、77的便携箱、笼子出入练习进行训练，使狗狗在家中来客人或留守时能够老实地待在房子里。

使用起来很方便的围栏

建议使用围栏做房子，同时也可在厕所训练时使用

如果狗狗喜欢便携箱，那么移动时也很方便

乘车时使用便携箱很方便。如果狗狗平时就适应了箱子，就会很轻松。

只在家人外出时放狗狗进笼子的话，狗狗可能会排斥

刚开始你可能很犹豫，笼子到底应该设计成什么形状。不同性格的狗狗喜好也不同，有的狗狗不喜欢笼子的金属声音，有的狗狗则不喜欢被关进笼子的感觉。

为了让笼子舒适，它的放置地点、里面的设置也很重要，但最重要的是狗狗自身觉得“我喜欢这个地方，很安心”。如果勉强把它关进笼子，或者只有外出的时候才把它关进笼子，那么它会觉得“笼子是一个被关起来的地方”，就会讨厌笼子。因此，要在巧妙地利用点心或者玩具等奖励的同时，给狗狗留下“待在笼子里会有好处”的好印象。

骨折的贵宾犬很多，因此要禁止它在高处上上下下，最好教会它利用斜坡。

家中危险的物品和地点

成长期的幼犬好奇心很旺盛。主人稍有不注意，就会做出意外的行动。为了避免发生事故，要仔细检查室内环境。

即便狗狗很老实，也不能掉以轻心

在家里，到处都是能够激起狗狗好奇心的物品。此外，狗狗天生“喜欢咬东西”，所以家里的家具和墙壁有时会被狗狗咬。如果狗狗去咬家用电器的电线，有可能会触电，因此即便“爱犬看上去很安静”，也不能掉以轻心，要每天检查家中是否有危险的物品和地点。

其中最应该留意的就是狗狗从高处上上下下。多数的贵宾犬都很活泼，所以它们喜欢跳到椅子、床、桌子之类高的地方去，或者一口气下好多层台阶，有时难免会摔倒导致骨折甚至有生命危险。因此，不想让狗狗进入的区域就用围栏挡起来，在沙发或者床边放置斜坡，教育狗狗“不许爬到高的地方去”之类的。为了避免爱犬受伤，主人可以自己想一些办法。

此外，发生地震时家具的倒塌也会使狗狗受伤，因此在耐震方面也要做好万全的准备。

视线要片刻不离

取快递、打电话的间隙狗狗都有可能搞破坏，一定要注意。

上下台阶要注意！

从台阶滚落有可能导致骨折甚至死亡。可以抱着狗狗上台阶，或采用其他办法不让它爬台阶。

X射线照片中看到的误饮物品

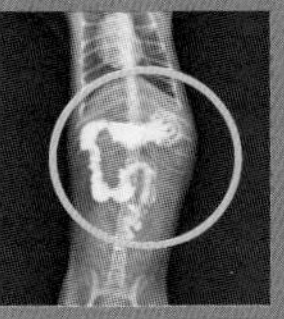

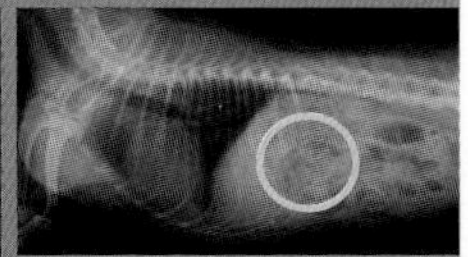

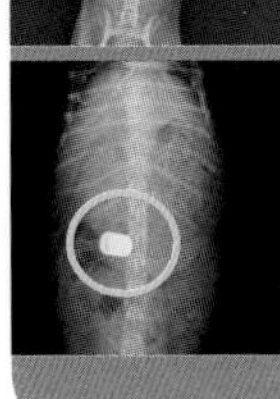

绷针（右上）。带状异物（左上）。金属笔帽（下）。在知道狗狗误饮物品的情况下，将其形状、大小告诉医生将有助于误饮物品的取出。

保持地板清洁，狗狗所及之处不放置任何物品

狗狗误饮食物最坏的结果是进行剖腹手术，甚至丧命（*处理方法在P140有详细介绍），因此室内饲养狗狗注意点之一就是防止误饮。

地板上放着的洋葱、生米等，狗狗如果吃了这些会拉肚子。还有主人意想不到的各种东西狗狗都会放进嘴里，例如手机、电视遥控器、信用卡之类的很多。如果它翻弄垃圾箱，那么就要将垃圾箱换成带盖的，同时勤扫地，保持地板清洁，狗狗所及之处不放置任何物品。另外，不要过于相信你的爱犬，放弃“我家狗狗很乖，没问题”的想法。对于误饮事故，要十二分地注意。

家中危险物品·地点的检查列表

你家室内对爱犬来说是安全的吗？和家人一起认真检查一下吧！

- □ 厨房地板上不放置任何食材
- □ 洗涤剂等放在狗狗够不到的地方
- □ 限制上下台阶
- □ 玄关的门敞开狗狗也跑不出去
- □ 平时不在浴缸中贮水
- □ 玩具不乱放
- □ 电器电线使用耐咬的
- □ 垃圾箱有盖子
- □ 教会狗狗“吐出来”
- □ 有万全的耐震措施

注意误饮事故

此处简单举几个例子。检查一下在主人视线所及之处是否有会引起爱犬误饮的物品！

玩具里填充的棉花　笔之类的文具　干燥剂等

塑料瓶的盖子　纽扣或发夹　香烟

关于食物

关于干类狗粮、带配菜狗粮、自制狗粮、点心……食物是身体之本，首先学习一下食物方面的知识吧。

购买时请仔细确认包装袋上的标识。

1岁前，要以营养价值高的幼犬用综合营养狗粮为主食进行喂养。狗狗容易吸收干类狗粮中幼犬必需的营养成分，同时因其较硬，所以不易生牙石也是其特点之一。注意不能喂食人类的食物。结合年龄和体重，将一定量的狗粮和水混合一起喂食。

此外，检查包装袋上是否标记了：❶综合营养狗粮；❷原产国是否为可信赖的国家；❸原料是否为纯天然；❹原料使用了哪些东西制得（狗狗属于过敏体质的话一定要检查）；❺生产日期和保质期是否标明。购买前一定要确认这五项。

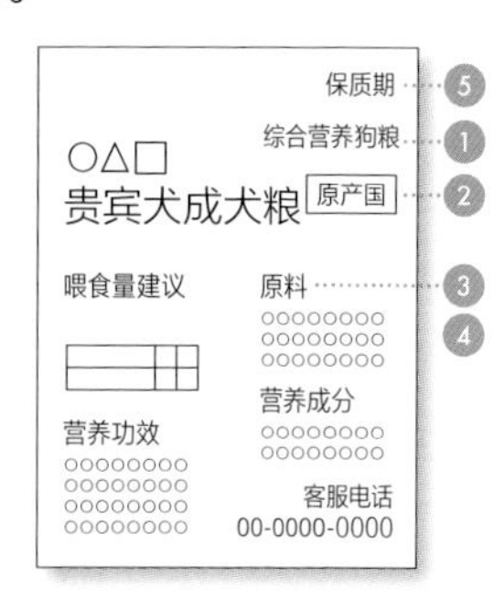

随着狗粮变为狗狗食物的主体，以及狗狗的家庭化，近年来狗狗的寿命有所延长。

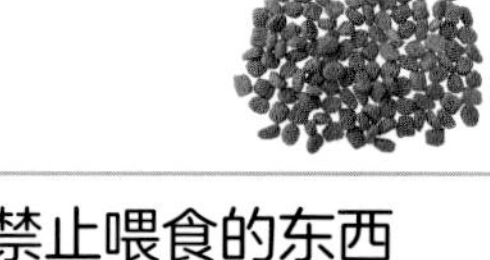

1岁前要给狗狗吃营养价值高的综合营养狗粮。

禁止喂食的东西

- 巧克力
- 串状食物
- 葱类食物
- 章鱼、墨鱼类
- 酒精类
- 葡萄
- 油炸食品
- 咖啡等

人类食物中，有些东西狗狗吃了会食物中毒或消化不良，所以绝对不能喂食。

次数·量

幼犬期分3～5次，成犬每天2次

出生4周后开始食用浸泡过的狗粮，6～7周断奶，慢慢习惯吃干类狗粮。领养时狗狗两个月大，每天分3～5次少量喂食。随着年龄的增长，喂食次数也要减少，长成成犬后改为每天喂食2次。根据狗狗的体重适量给食，注意不同人喂食时也要保证食量不变。

家庭成员较多的家庭，如果每个人喂食的量不同会造成幼犬肥胖，所以平时要养成喂食前称量的习惯。

种类

幼犬期狗粮、减肥型狗粮等多种多样

干类狗粮分为幼犬期狗粮、减肥型狗粮、老年期狗粮、处方型狗粮等很多种。1岁前，喂食营养价值高的幼犬期狗粮，那之后根据健康状况逐渐替换类型。需要注意的是，不能给幼犬喂食减肥型狗粮，不能给青年犬喂食老年期狗粮。一定要喂食符合其年龄的综合营养型狗粮，注意适量。

老年期狗粮例

幼犬型狗粮例

减肥型狗粮例

如果你家狗狗对鸡肉过敏，那么狗粮要选用“羊肉&米饭”型的，诸如此类，请选择适合你家爱犬身体和健康状况的狗粮。

更换方法

更换成新狗粮需要花费1周的时间

领养幼犬后，先喂食和领养前一样的狗粮。需要更换狗粮类型时，不要一下子换掉，而要按照右图的指示，每次放入部分新狗粮，边观察爱犬的身体状况（食欲、便便、眼泪和皮肤的状态等）边慢慢更换。极少数狗狗对食饵过敏，因此要十分注意。

第1天混入约1/4的新狗粮

第4～5天混入一半的新狗粮

第7天左右更换完成

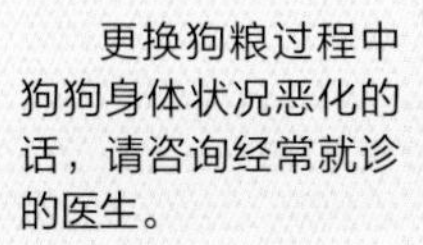

更换狗粮过程中狗狗身体状况恶化的话，请咨询经常就诊的医生。

喂食时间

散步之后，身体状况稳定后喂食

食物要在狗狗散步回来后，身体状况稳定后喂食。如果狗狗尚处于兴奋状态，就会匆匆忙忙地吃饭，导致随食物吸入大量的空气，增加胃肠的负担。此外，深夜喂食也会造成消化不良，最好避免。如果主人经常外出，可以尝试给狗狗使用自动喂食器。

最好在平静的环境下给狗狗喂食。对于匆忙吃饭的狗狗，建议你可以试着用手一粒一粒地喂它吃。

狗狗不吃饭，肯定是有原因的。主人担心的话可以去咨询宠物医生，寻求最好的解决办法。

没有食欲的时候

多数贵宾犬属于食量小的类型。“吃这么少没问题吗？”，在主人产生上述不安之前，请先了解一下导致食量小的各种原因吧。

与体重和食量相比，主人应该仔细观察狗狗的体型

狗狗给人的印象是吃饭时狼吞虎咽，不过如果狗狗的食量比狗粮包装袋上标记的规定量少的话也没关系，因为狗狗会根据自身的尺寸、体质而进食适当的量。

与体重和食量相比，主人应该格外注意爱犬的体型。只要不肥胖、不消瘦，体格结实就没什么问题。对于贵宾犬的话，其标准体型是当你轻轻抚摸它胸部时，能明显感觉到它的肋骨。而且贵宾犬整体上体型细长的居多，这也是其特征之一。不过，如果主人觉得狗狗的食量太少而非常担心的话，可以每年带狗狗去做一次体检，只要内脏、神经、骨骼没有问题而且精力十足的话，就不用过于担心它食量小的问题。

食量小的主要原因

1 体质

贵宾犬生来食量小，身材细长才能保持身体状况的良好，内脏的机能性少食也是符合身体要求的，等等，对于相同的健康标准，是存在个体差异的。

2 疾病

除了后天性疾病外，先天性、遗传性疾病以及内脏畸形都有可能导致贵宾犬食量小。首先需要到宠物医院进行检查，有时甚至需要做第二诊断。

3 点心食用过多・偏食

即便主人没有喂食过多的点心，但对于玩具型贵宾犬这种小型犬来说，在吃饭前也可能食用了过多的点心导致吃饭时没有食欲。

4 主人的“自以为”

对于狗狗来说，食量明明很合适，但主人会自以为爱犬跟其他种类或别人家狗狗相比“食量太小了”，这种情况也很常见。

少食诊断的检查列表

检查事项越多越应该留意，担心的话可以咨询经常就诊的宠物医生。

- □ 食用的是同种狗粮，但吃饭的劲头不如以前
- □ 有时只吃几粒，有时吃得过多，上下波动
- □ 只闻闻食物的气味，不吃
- □ 经常拉肚子或者呕吐
- □ 走路无力甚至摔倒
- □ 小便颜色有时呈透明色或深色

面对狗狗的少食或偏食主人要有耐性，这很重要

如果刚领养后不久狗狗就出现食欲不振的状况，则可能患有心脏畸形、门体静脉分流、脑障碍等先天性疾病。发现任何异常都要立即前往宠物医院就诊。

如果食量小但没有任何特别的疾病，那么很有可能是点心喂食的过多，也可能是主人的“自以为”。特别是因点心喂食过多而导致吃饭少的情况下，必须想办法减少点心的量，让狗狗多吃饭。在日常生活中，可以用狗粮代替点心作为训练时的奖励，成犬的话还可以用营养价值高的幼犬型狗粮做奖励。总之，在狗狗正常饮食之前，主人要耐心地对待狗狗的少食或偏食，这点很重要。

按照年龄段分别找原因

●幼犬

在食欲旺盛的幼犬期食量小的话，很有可能是患了先天性疾病或内脏畸形等。弄清异常后，不同的疾病可能会被介绍到不同的宠物医院就诊。一定要密切观察狗狗吃饭的状况。

●成犬

成长期过后，狗狗的食欲开始稳定下来。当食欲极端下降或者上下波动时，很可能患了某种疾病。因此每天都要观察狗狗的精神状态，大小便是否正常等。

●老年犬

随着年龄的增长新陈代谢也减慢，因此老年犬的食欲会下降。但有时肾脏等器官的功能衰竭或牙周病也会导致食欲不振。因此，要经常检查狗狗牙齿状况、小便的颜色并定期做体检。

自制狗粮和配菜

如果主人想喂食自制的爱心狗粮，那么有些注意事项需要事先了解。

给狗粮加配菜时，一定要混合均匀，以保证狗狗吃光所有的狗粮。

配菜的量应该是狗粮量的10%～20%，注意不要让狗狗只吃配菜。

需要在营养平衡方面多下功夫

狗狗饮食的营养分配比较复杂，因此如果主人决定完全喂食自制狗粮的话，需要在咨询经常就诊的宠物医生或专家的前提下，制作出适合爱犬身体状况的食物。

不过，自制狗粮的话主人可以仔细考察食材，购买的材料比较放心，这也是事实。烹饪时切忌不要加热过度。同时由于维生素受热易分解，如果给狗狗吃过多的高温加热后的肉类，狗狗容易患硫胺素（维生素B_1）缺乏症，或者引起痉挛甚至有死亡的危险。因此，不把食物煮沸腾是自制狗粮的要领。给狗粮加自制食材作为配菜时也是一样，同时注意配菜的量应该控制在狗粮量的10%～20%，为了防止狗狗只吃配菜，一定要把配菜和狗粮混合均匀。

狗狗必需的营养素

狗的祖先原本是食肉动物，自从跟人类开始生活后进化成了杂食性动物，开始食用包括碳水化合物在内的食材，饮食生活也发生了很大变化。蛋白质、脂肪、碳水化合物、维生素、矿物质营养素这五项是动物维持身体健康的必备营养素，而狗狗需要的蛋白质是人类的4倍之多。但是，蛋白质摄入过多会导致肝脏、肾脏功能障碍，摄入过少又会影响狗狗的精神和毛发颜色。此外，狗狗需要的脂肪量也比人类多，但摄入过多会导致肥胖。营养失衡可能会导致狗狗的肝脏、皮肤、神经、肌肉等部位出现异常，因此给狗狗喂食自制狗粮时，必须要满足其所需要的全部营养素。

点心的正确使用方法

点心并非想什么时候喂就什么时候喂，应该作为奖励有效地利用。为了爱犬的健康，建议购买优质原材料做成的点心。

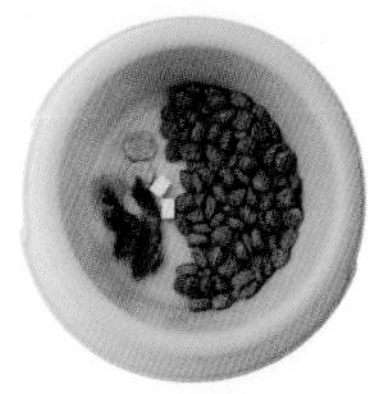

点心的量应控制在狗狗一天食量的10%以内，喂食过多容易造成偏食或肥胖。

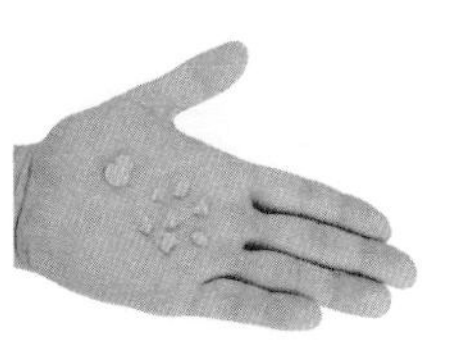

点心总量相同的情况下，分成几小块喂食可以使狗狗开心好几次。可以事先将点心切碎以备用。

建议按级别利用点心

选择点心时请将狗狗的健康放在第一位。有的狗狗可能对食材或添加剂过敏，因此初始时先一点点喂食，并观察狗狗的状态。只有适合狗狗身体的点心才能当作训练时的奖励使用。点心不能代替狗粮，它只是一种爱好或是一种奖励。此外，有些狗狗对于吃不惯的东西不愿意吃，因此建议主人在狗狗小时候就让它尝试吃各种各样食材的点心。通过这种方式，你能知道狗狗的喜好，如果它漂亮地完成了你的指示，就可以把它最喜欢的、特别的点心给它。这就是按照级别利用点心。

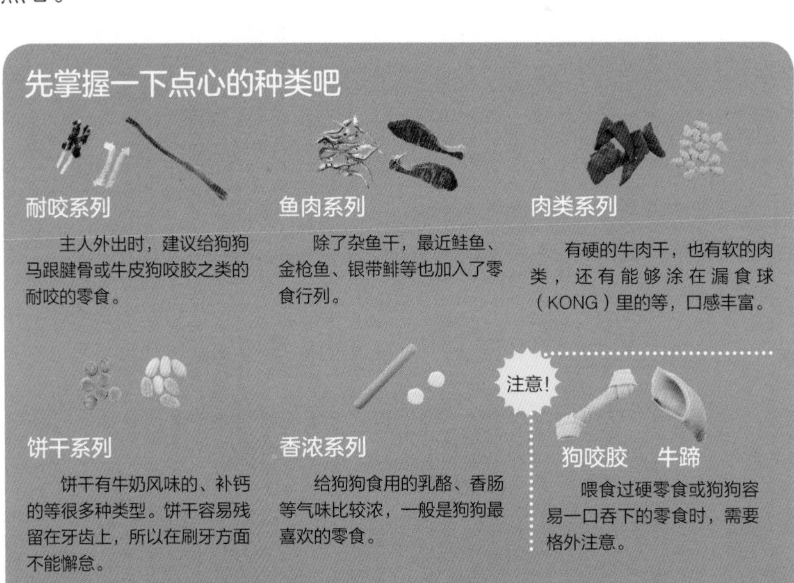

关于厕所

你要耐心教哦！

从领养幼犬当天起，就训练它如何在内室上厕所吧。

只要你把厕所的环境整理好，按顺序教导，狗狗很快就能记住并养成习惯，长大后也能好好遵守。

室内厕所的关键是：周围环境和排泄时间点

幼犬的如厕训练是领养当天就应该开始进行的训练。初来乍到，它并不清楚你家哪个地方适合排泄，如果你让它在室内自由活动的话，结果可能就是到处都有它排泄的痕迹。因此，主人要耐心地教导幼犬，必须在规定的地点排泄。

首先是创造一个方便狗狗记忆厕所的环境，然后结合它的排泄时间点进行诱导，成功后反复练习。狗狗对于自己生活区域的洁净程度要求很高，因此应该能很快记住厕所的位置。

接连几次的如厕训练成功后，狗狗就能记住了，然而作为一种习惯养成的话，还需要很长的时间。因此，开始阶段的坚持训练很重要，最初的几周时间，要一边观察狗狗的状态，一边持续进行如厕训练。

随着狗狗的成长，它的警戒心也越来越强。贵宾犬的话，除了在自己放心的家里，在其他任何地方都不敢排泄。憋尿很有可能诱发泌尿器官疾病，因此主人要好好地训练，使狗狗无论在什么地方都能够放心地排泄。

如厕训练切忌焦躁、责骂，一定要有耐心。

贵宾犬爱干净，只要主人耐心地告诉它厕所的位置，它就不会把自己睡觉的地方弄脏。

首先整理好厕所的环境

为了教导幼犬如何在室内如厕，最重要的是创造一个方便狗狗识别厕所的环境，尽可能避免找不到厕所的事情发生。包括狗狗看家的时间在内，整理好狗狗的生活空间吧。

➡长时间看家的情况

创造一个围栏中配有厕所的生活空间吧

准备一个大一点的围栏，打造一个即便狗狗长时间看家也能舒适的生活空间吧。厕所、房子（床）、漏食球、水、玩耍场地一定要区分开。让幼犬理解各个地点的作用需要花费很长时间，请主人一定不要焦躁，要耐心地告诉它“这里做这件事很对”。

厕所 / 便盆要放在房子或者床的对面，并且选用有边缘的，这样狗狗更容易理解那是排泄的地点。为了使幼犬长大后也能使用，请准备宽型号（60厘米×45厘米）的尿片。

房子 / 房子应该安放在离厕所较远的位置，这利用了狗狗维持睡眠场所清洁的习性。

地板 / 进行如厕训练时，需要在围栏内的地板上铺好尿片，这样就能从“零失败”的状态开始进行如厕训练了。等幼犬排泄的地点固定下来后，再慢慢减少铺尿片的范围。

玩具等 / 围栏里准备的玩具应该能长时间吸引狗狗的注意力，如漏食球之类的启发性玩具等。

食物和水 / 饮食和饮水的地点对狗狗来说是希望维持清洁的地方，因此设置时请远离厕所。

➡短时间看家的情况

在围栏中配置厕所和房子

请在围栏中放上房子或床、厕所和水。因为围栏内空间有限，所以玩耍的场所就设在围栏外。这种设置适合那些家中常有人在，而且会频繁地将狗狗从围栏中放出来的家庭。

当幼犬变得心神不安，开始嗅地板气味时，这可能是排泄的信号。主人要仔细观察爱犬的行为哦。

领会狗狗排泄的信号

估计好幼犬排泄的时间点，往厕所引导，告诉它厕所的位置。请先掌握幼犬排泄的时间点、间隔，以及排泄前的举止和行为。

排泄前的举止和行为

开始嗅地板上的气味

刚才还玩得很好，突然变得心神不安，并开始嗅周边的气味，这个时候极有可能是要排泄。只要主人读取到这个信号，如厕训练就能准确地进行。

●嗅气味

当狗狗突然放下沉迷的东西，开始嗅周边气味的时候，那么它极有可能是在找排泄的地点。

●徘徊

找到了能够放心排泄的地点，脚步开始徘徊，这就是排泄的信号。

●转圈

当狗狗在某地点开始转圈的时候，那是它通过足部触感来确认排泄地点的状态。它马上就会排泄。

排泄的时间点

排泄间隔大约为“月龄＋1小时”

幼犬可以忍耐排泄物的间隔是月龄＋1小时（两个月大的话就是3小时）。不过，幼犬活动量大的话，排泄会变频繁，间隔可能会缩短到15分钟左右。

●睡醒时

刚睡醒时尿量很大，是排泄最合适的时机。

●玩耍后

玩耍时狗狗处于兴奋状态，排泄间隔有缩短的倾向。

●饭后

吃饱后膀胱被压迫从而容易产生便意、尿意。

●喝水后

幼犬憋不住尿，所以水分补给后就会处于快要小便的状态。

对于幼犬期间努力掌握的室内如厕行为，要把这培养成一种习惯，让狗狗长大后也能一直保持下去。

基本的如厕训练

发现狗狗出现排泄征兆后，马上把它诱导到厕所。如厕成功的话就给它食物之类的东西当做奖励，告诉它“在厕所排泄是件好事”。即使幼犬记住了，主人也要把这当做一种习惯继续下去。

开始之前

先确定排泄的口令

首先确定排泄口令，如使用“厕所”“尿尿”等特定的口令指示狗狗去排泄。每天狗狗排泄时，都对着它说“厕所”等口令，久而久之它就会把这个口令和排泄组合记忆，一听到这个口令就会产生想排泄的感觉。这在很多情况下都很方便，例如去往特定的场所或乘坐交通工具之前，可以诱导狗狗先解决排泄问题。

小要点

有效利用连休和长假期

基本的如厕训练是先判断幼犬的排泄时机，然后引导其去厕所，成功后给予奖励。但如果你长时间不在家，那么在最初领养时就要有效利用连休或长假期，集中进行如厕训练，这也是一个有效方法。

出现排泄征兆时带狗狗去厕所

当观察到狗狗排泄前的信号时，要迅速引导它去厕所。这时，为了让它记住厕所的入口，需要让它从围栏的门进入。

排泄不成功的话重来

狗狗进入围栏后，如果等了10分钟依旧没排泄的话，就要把他放出来。15分钟后再挑战。

开始排泄后，要表扬它

开始排泄后，要对它说“厕所、厕所”“尿尿、尿尿”等口令，结束后还要马上表扬它并给它奖励。

排泄结束后，把它从围栏放出来

排泄结束后，打开围栏大门，放它出来。对狗狗来说，能和主人一起玩耍、能在房间内自由活动是很好的奖励。

如果狗狗变得只能在外面如厕的话…

如果狗狗养成了只有外出散步时才能排泄的习惯，那么就要按照步骤进行室内如厕训练了。

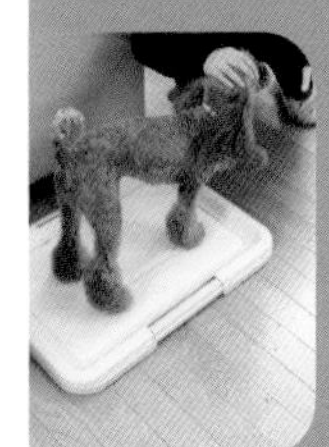

只要狗狗记住了室内厕所的位置，那么即便主人下班晚了，或者天气不好也不会对狗狗的身体造成负担，而是能够顺利解决问题。

① 掌握狗狗排泄倾向

掌握狗狗排泄（做记号）的时间、地点和次数。在室外排泄后，记得用水或除臭剂处理，以免留下气味。在住宅区，避开门口、花坛等地点是基本的礼貌。

② 排泄和口令

狗狗开始排泄后要马上对它说“厕所”或“尿尿”，而且在排泄期间要反复重复，结束后表扬它、给它零食之类的当做奖励。这样重复一个月后，狗狗便能将口令和排泄组合记忆了。

③ 在家附近时，发出口令练习排泄

在狗狗可能排泄的时间段，带它去散步，在它中意的地点发出排泄的口令。成功的话就奖励它零食，继续散步。失败了的话，就先回家，10分钟后再出来尝试。

④ 在家周围练习排泄

做好散步的准备，先带狗狗在家的周围转转，在院子里或自家区域范围内发出口令，促使狗狗排泄。成功的话就奖励它零食，正式开始散步。失败了的话，就先回家，10分钟后再出来尝试。

⑤ 让狗狗在室内厕所排泄

在围栏内铺满尿片，如果你家是雄贵宾，那么还需要在围栏周围贴上尿片。作为排泄（做记号）的目标物，还需要放置一个用尿片包裹的塑料瓶。厕所环境准备完毕后，诱导狗狗进到围栏中去。

训练成在室内室外都能排泄的狗狗

首次散步后，狗狗外出排泄的机会也多了起来。最理想的状态就是狗狗长大后也能做到：无论在室内、室外或其他场所，只要听到固定的口令，就能成功地在尿片上排泄。

只要养成在指定地点排泄的习惯，即便带狗狗外出寄宿也不用担心遗尿的问题了。

为了训练狗狗任何场所都能排泄

① 即便狗狗能在室外排泄，也不能撤掉室内厕所

即便狗狗在室外排泄的机会增多了，也请依然保留室内的厕所。

② 拿掉便盆，让狗狗练习在尿片上排泄吧

拿掉室内便盆，让狗狗练习在尿片上排泄。只要地点不变，排泄就一定能成功。如果狗狗表现迟疑，那么就要进行在尿片上排泄的基本如厕训练了（不设在围栏里也OK）。

③ 散步时，在外面铺上尿片进行训练

散步途中察觉到狗狗排泄的信号后，在地上铺上尿片并发出口令。如果狗狗成功地在尿片上排泄了，就表扬它、给它奖励。

问答环节

Q 一兴奋就漏尿

A 家人回来或客人来访的兴奋时刻，幼犬容易漏尿，这被称为“兴奋型尿失禁”。客人来访前，可以先将幼犬放进铺满尿片的围栏中。或者在令狗狗兴奋的事情发生前，诱导它排泄。一般来说，这种尿失禁行为会随着狗狗的成长而改善，如果你想早期解决这个问题的话，就要养成抑制狗狗过分兴奋的习惯。

Q 尿在了门口的地垫上

A 狗狗是通过位置、气味和触感来记忆厕所的。狗狗会将质感类似尿片的地垫等布制品错当成厕所，这种现象是比较常见的。解决办法就是在进行如厕训练时，一定要将触感类似尿片的物品先收起来,浴室脚垫和厨房脚垫也是一样。将幼犬从围栏里放出来玩耍时，要留意狗狗的排泄时机和信号，及时引导它去厕所。

Q 如厕训练失败了，怎么办？

A 狗狗是随地排泄的动物，如果你在如厕训练未成功时训斥它，它并不能理解。此时的训斥在狗狗看来，可能是“跟我玩耍”，是在奖励它。或者狗狗会认为“排泄了被训斥，肯定惹主人不开心了”，从而导致狗狗会躲起来排泄，这种可能也是存在的。

训斥狗狗绝对不可行。会给狗狗留下“不允许排泄”的印象，所以一定要注意。

Q 雄贵宾排泄时会抬起腿，弄脏墙壁等

A 如果你家养的是抬起腿排泄的雄狗，那么建议在墙上贴防水薄膜等，并把厕所设在墙角处。另外，可以用尿片裹一个装满水的塑料瓶，放在便盆的中间，作为狗狗排泄的目标物。市面上贩卖的便盆有平板型的，也有带墙面的L型的，各种各样，请为你的爱犬选择适合的款式吧。

关于社会化

为了让狗狗具备社会性，进行社会化是必要的。

在最合适的阶段进行社会化训练，并将此作为一项持续性工作坚持吧。

让爱犬早期适应人类、同类、物体和环境很关键

想和狗狗一起生活，它的“社会化”非常重要。领养后就开始带爱犬练习吧，学习适应人类、同类、物体和环境等。有了各种各样的经验，它就具有了社会性，就能冷静地对待事物。社会化不足的狗狗，一点小事就会使它们反应过激，如害怕或兴奋等。

狗狗能够掌握多少社会性，是受其天生性质和犬种特性影响的。多数的贵宾犬属于开朗类型的，但也有少数是害羞类型的。尤其是玩具型贵宾和迷你型贵宾，当它们被比自己庞大的物体包围时，那些物体的声响或动作会使它们产生恐惧感。通过主人的训练，把你的爱犬培养成活泼开朗的狗狗吧。

最适合进行社会化训练的时期是出生后3～14周（参考P57）。这个时期被称为“社会化期”，狗狗的好奇心强于警戒心，更容易接受各种事物。等过了这个时期，狗狗的警戒心会变强，对待事物也变得慎重起来。通过社会化，狗狗能够积累各种经验，学习到对待事物的方法。你要知道，社会化并非只有在幼犬时期需要训练，而是在狗狗的一生中都要持续进行。

从跟在狗妈妈身边的幼犬时期起，社会化就已经开始了。和狗妈妈以及兄弟姐妹的生活应该至少持续到第8周，这是非常重要的社会化。

社会化的最佳时期和1岁前的成长过程

胎儿期

母亲的性格会影响幼犬

狗狗的妊娠期为60天。狗狗妈的性格和生活环境将会影响到幼犬。沉稳的狗妈妈生出来的幼犬会具有较强的抗压能力。

新生儿期

能够自己找到妈妈

新生儿期，幼犬的眼睛看不到、耳朵听不到，但却可以自己找到妈妈喝奶。狗妈妈最下面的乳头最易出奶，强势的幼犬可以一直“霸占”这个位置。

过渡期

五官发育期

幼犬五官开始发育的时期。到了第3周，狗狗终于可以睁开眼睛，动作也变得机敏，可以和狗妈妈和兄弟姐妹一起玩耍了。

社会化期（前期）

身体能力越来越强

开始对周围的事物感兴趣，身体能力变强，能够轻盈地跑来跑去。开始积极地探索周围新事物。

社会化期（后期）

在新家接受社会化

是时候前往自己的新家了。安稳环境下培养出来的狗狗会充满精神。领养后马上着手狗狗的社会化训练吧。

社会化期（完成期）

警戒心萌发

开始听懂人们说的话。此时警戒心已经萌发，你可以抱着它去散步，开始进行社会化训练了，在带它去接种疫苗前也可以这样做。

幼年期

性别差异开始表现显著

这个时期，不同性别狗狗的身心差异开始表现明显。过了性成熟期，狗狗开始迈入成犬期。社会化训练要继续进行。

成犬期（过渡中）

成犬的风度开始显现

调皮的幼犬开始具备成犬的风度。它会变得沉着冷静，但相反地，也开始出现一些问题（犬吠等）。

一转眼我们就长大了！

具体的社会化训练

训练要融入日常生活，关键是观察爱犬的状态，不要强迫进行。

幼犬的性格多种多样，要按照适合你家狗狗的步调进行。

习惯声音

1. 小音量播放声音
2. 调大音量播放声音
3. 再调大音量播放声音

可以播放对讲门铃、手机、环境音CD等声音。当狗狗玩耍或处于放松状态时，就小音量播放，观察狗狗的状态慢慢调大音量。如果狗狗表现镇定，就给它一些奖励。

习惯被触摸

1. 把奖励放在手上给它
2. 一边喂食一边摸它的后背
3. 一边喂食一边摸它的尾巴和脚

为了让狗狗习惯人类的手，刚开始先将奖励放在手上给它。在狗狗进食时，先摸摸它不太敏感的后背。尾巴和脚之类的尖端部位比较敏感，狗狗可能会抵触。拿出你压箱底的奖励，慢慢进行吧。

习惯陌生事物

1. 把陌生的庞大物体放在它附近
2. 把奇形怪状的物体放在它附近
3. 把能发出奇怪声响的物体放在它附近

将狗狗未见过的家里的大型物体（旅行箱等）、新奇形状的物体（布偶等）、能发出声响的物体（塑料袋等）按照顺序拿给狗狗看，如果它表现镇定，就给它一些奖励。把物体直接放在狗狗眼前它可能会害怕，所以放的时候要不经意地放在稍远的位置。

小要点

要在仔细观察幼犬的基础上进行社会化

害羞的狗狗容易害怕。这种情况下就要想办法应对，如退回上一步骤、把狗狗抱离对象物、减弱刺激等。等它镇定了，就拿出你珍藏的食物或玩具奖励它。

➡习惯人类各种各样的装束

① 主人换各种不同的衣服给狗狗看

② 主人带上帽子之类的装饰物给狗狗看

③ 主人戴上墨镜之类的装饰物给狗狗看

为了避免狗狗看到陌生装束的人类感到恐惧，主人需要变换装束给狗狗看。如果它表现镇定，就给它一些奖励。外面陌生人的装束带给狗狗的刺激比较大，因此需要先在家中练习，等它习惯了再外出。到那时，狗狗就能习惯街上打扮各异的人了。

➡习惯家人以外的人类

① 邀请朋友到家中做客，让朋友试着给狗狗喂零食

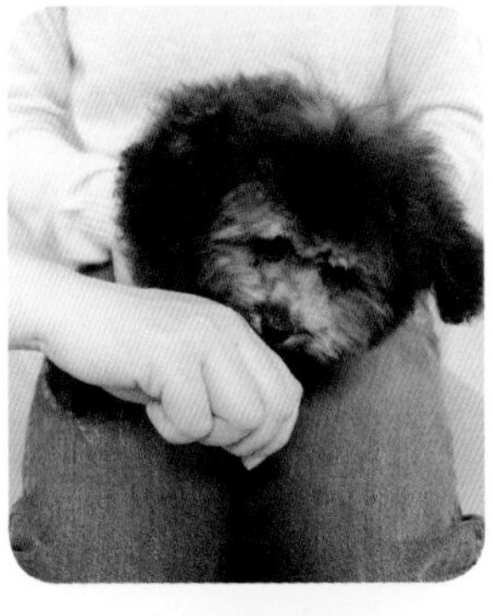

② 让朋友把手背对着狗狗的鼻子，让它闻

③ 让朋友轻轻抚摸狗狗的后背和胸前

邀请主人的朋友到家中做客。最开始先试着让朋友给狗狗喂零食，等狗狗习惯了把手背递给它闻，最后抚摸狗狗敏感度较低的后背或胸前。为了让狗狗习惯各种各样的人，拜托你男女老少的朋友都来帮帮忙吧。

➡ 习惯各种各样地板和地面的触感

让狗狗习惯各种各样地板和地面的触感。接种疫苗前的时期，为了防止狗狗感染疾病等，可以先利用其他狗狗进不来的自家区域的地面进行练习。室内可以依次铺上地毯、瓦楞纸等各种各样质地的素材，让狗狗在这上面走路，但注意尽量避免使用易滑倒的木板等。

➡ 习惯项圈和胸背带

1. **一边给狗狗奖励一边给它带上项圈**
2. **狗狗喜欢做的事就让它多做会**
3. **接上牵引绳在室内散步**

有些狗狗会觉得项圈或胸背带不舒服，所以领养后要尽早让它适应。一边给它零食吃，一边从狗狗看不到的背后给它带上项圈，并让它继续做喜欢的事，如吃零食或玩耍等。等它适应项圈后，接上牵引绳，让狗狗在被拉拽的状态下玩耍。这种状态下能够让狗狗适应突然从一个物体离开和无法前进的感觉。

➡ 习惯外面的环境

1. **抱着狗狗在家附近散步**
2. **走到稍微热闹的车站附近**
3. **走到非常热闹的幼儿园附近**

在带狗狗正式出去散步前，要让它先习惯外面的环境呢。在接种疫苗前的时期，主人要抱着狗狗到外面散步，带它见识各种各样的环境。如果它表现镇定，就给它一些奖励。从安静的环境到热闹的环境，慢慢扩大活动范围。

➡ 习惯宠物医院

1. **带狗狗到宠物医院的接待处**
2. **让医院的员工给狗狗喂零食**
3. **让医院的员工抚摸狗狗**

为了让狗狗习惯经常就诊的宠物医院，你需要抱着幼犬去习惯。除了习惯宠物医院的环境外，还要习惯工作人员和宠物医生的抚摸。除了接种疫苗时带狗狗去，主人其他外出的时间都可以抱着狗狗顺路去一趟，增加狗狗和医院的接触机会。

训练跟其他狗狗相处时一定要慎重!

为了避免狗狗间发生争执，循序渐进地习惯其他狗狗很重要。主人一定要在旁边好好守护。

试着接近其他幼犬或看起来沉稳的成犬

等狗狗可以外出散步后，就要开始进行习惯各种各样狗狗的训练了。最开始试着接近月龄相近的幼犬或看起来沉稳的成犬会比较容易。在得到对方主人允许的情况下，让爱犬一点点接近。为了避免出现争执，主人一定要拉好牵引绳，即便在它们玩耍时也不能离开视线，这点一定要注意。

每只狗狗都有自己的个性，互相也存在缘分之说，因此并非所有狗狗都能成为好朋友。为了避免出现严重的争执，各自的主人务必要照看好自家狗狗。

问答环节

Q 对贵宾犬进行社会化训练时应注意些什么?

A 对狗狗进行社会化训练时，最重要的是要在它心情愉悦的情况下进行。有的贵宾犬胆子小，如果在它恐惧的情况下勉强训练的话，反而可能会让它产生强烈的抵触情绪。尤其是过了社会化后期进行训练时，更需要花费时间谨慎进行。如果你家狗狗非常胆小，请咨询教养方面的专家。

社会化训练是一个和狗狗一起享受的过程，如果狗狗很恐惧，请不要勉强进行。

Q 给狗狗奖励的种类和时机很难把握……

A 在进行社会化训练时，为了让狗狗对新记忆的事物留下好印象，需要给它奖励。请好好利用能够让狗狗开心的食物和玩具。给狗狗奖励的时机一般是在它安静下来的时候。如果在狗狗兴奋或恐惧等反应过激的情况下给奖励，狗狗会错以为“只要变成这种状态就能得到奖励”。所以，请在正确的时机奖励狗狗吧!

关于玩耍

幼犬的工作就是玩好、吃好、睡好。
下面介绍一下玩耍的重要性以及玩耍时的注意事项。

出生后6～7个月内要避免骨折等！

出生后6～7个月内，是幼犬骨骼、关节等部位的发育时期。这期间如果进行剧烈运动会导致关节周围正在发育的骨骼等部位发生骨折。此外，幼犬的体重轻、脚部没力气，在欢跳时可能会从高处滚落、滑倒。因此，设置幼犬玩耍区域时要下功夫，注意不要设置台阶、可以铺上地毯防滑垫等。给狗狗的玩具也要注意选择耐咬的、不会发生误食危险的。

出生后7～8月，狗狗的身体长得结实起来，按照人的年龄来计算的话应该是中学生时期。从这个阶段开始，狗狗的运动量一下子增多起来。如果运动不足狗狗体力就会有富余，乱咬东西等恶作剧的增多也是在这个时期。为了使狗狗的体力得到充分的释放，散步时可以带狗狗到宠物可进入的公园之类的地方，系上长的牵引绳，让它尽情地玩踢球游戏。你还可以在休息日带狗狗去遛狗公园等地方。

建议主人在游戏中也巧妙地融入教养训练。

下雨天狗狗的散步时间变少，这时只要你用心，就会有各种各样的游戏可以玩耍。可以在铺着地毯的走廊里玩接球游戏、让狗狗按照指示在主人的两腿间钻来钻去、把玩具藏在家中各个地方玩“探宝游戏”等，主人要尝试制造一些即便在室内也能脑力、体力并用的游戏来。

“探宝”是一项快乐的脑力游戏。藏有零食的纸杯到底是哪个呢？

室内可以玩的游戏

初次散步前的室内游戏是加深主人和幼犬羁绊的好机会。

以幼犬体力可承受范围内的游戏，来满足它的好奇心吧。

➡ 和主人玩耍

拉拽游戏、互相接触、捉迷藏

配合玩具玩耍的游戏当然很棒，捉迷藏、追逐游戏等也很受欢迎。等它累的时候可以抱抱它，抚摸它的脸、身体之类的部位，还可以试着跟狗狗肌肤接触等。

玩拉拽游戏时要注意，不要向上拉而要左右移动玩具，这样能够减轻狗狗身体的负担。

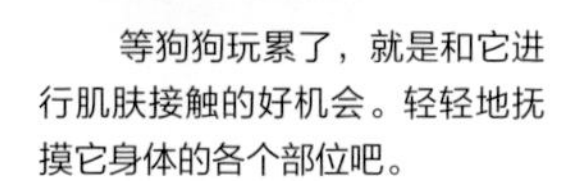

等狗狗玩累了，就是和它进行肌肤接触的好机会。轻轻地抚摸它身体的各个部位吧。

➡ 和玩具玩耍

不要给幼犬玩太硬的玩具

狗狗的牙齿能够完全用上力是在6～7月。如果给它的玩具过硬、牙齿用力过猛，就会出现牙齿破损、牙齿排列不齐。从30厘米的高度坠下时，如果发出“啪”的声响，一般情况下可以认为该玩较硬。

如果玩具中填充有棉花，或者是可以发出声音的玩具，那么狗狗可能会把玩具咬破，吃里面的东西，所以玩耍这类玩具时，一定要保证狗狗在主人的视线范围内。

玩耍时，狗狗的指甲很有可能会勾住地毯从而摔倒受伤，所以事先要给狗狗剪短指甲。

整理好玩耍的环境

室内玩耍时基本要求是没有台阶、地面不滑。此外，尚未外出散步的幼犬在玩耍时过度兴奋的话容易排泄，所以要把厕所放在旁边，这样捕捉到排泄的信号就可以立即带它到厕所去解决。

散步后的游戏

初次散步后，狗狗迎来了它体力、精力的全开时期。运动需求骤增，因此主人也要拿出体力好好陪它玩耍。

本是猎犬的贵宾犬是行动派，一定要让它的体力得到充分释放哦！

初次散步后，看到的任何物体都能和玩耍联系起来。例如在散步时追撵飘落的树叶、去咬主人捡起来的树枝。在培养狗狗的过程中，这些从狗狗与生俱来的资质和趣味中活跃起来的行动，也要在主人陪伴下的玩耍一并进行。此外，狗狗还喜欢和同类玩耍。在院子里或遛狗公园里，当狗狗扬起尾巴，做出“玩耍吧！”的姿势时，主人可以见机追赶狗狗，或者玩“不倒翁”之类的游戏，狗狗会很开心。和爱犬一起发现它喜欢的游戏吧。本是作为猎犬活跃的贵宾犬，其中大多数狗狗性格非常活泼。就让它充分释放体力，满足它的运动需求吧。

系上牵引绳，玩最喜欢的追球游戏

在狗狗可进入的公园里，给它系上长的牵引绳，陪它玩追球、捡球游戏。陪狗狗玩它最爱的游戏也是训练时给它的一种奖励。

室外的教养训练也是游戏的重要环节

建议主人一定要采取的训练方式就是室外训练。家里可以做到的事情这次拿到室外去实践，把爱犬培养成无论在哪都能表现良好的狗狗。

在室内跟主人的腿玩耍

室外玩耍时间较少的时候，建议主人在防滑的地毯上伸出一条腿，让狗狗钻来钻去、跨来跨去。

主人和自己一起跑步很开心

很多狗狗都喜欢主人陪自己跑步。跑步也是一项快乐的游戏。找个安全的地方，尽情奔跑吧。

室外玩耍的注意事项

在公园等公共场所玩耍时，首先要确认该地点是否允许狗狗进入。不给他人带来困扰是室外玩耍的根本。

不系牵引绳是绝对不可以的

在室外玩耍时，主人须认识到“对于狗狗来说有些人类很难适应”，在此基础上再行动。进入公园时必须先确认，该公园是否允许狗狗进入。即便是允许狗狗进入的公园，如果有小朋友在玩耍的话，也希望你能有所顾虑。选择一个安全又不会给他人带来困扰的地方，让爱犬尽情地玩耍。

很多狗狗都喜欢在草坪上奔跑。不过，雨后以及早晨或晚上带着露水的草坪容易滑倒，玩耍时建议给狗狗选择较干的草坪。

问答环节

Q 在公园遛狗应该注意些什么？

A 去公园遛狗的条件是狗狗已接种过疫苗，并且不在发情期。最近，公园遛狗发生的狗狗之间的争执问题有所增加。如果你家狗狗是“对其他狗狗好恶严重”的类型的话，建议带上关系好的狗狗一起去公园玩耍，这样可以避免产生矛盾。勉强贵宾犬跟其他狗狗一起玩耍会让它产生讨厌狗的情绪，这点一定要注意。

利用空闲的时间，带上狗狗和它的朋友一起去公园玩耍也是OK的！

Q 平日很忙，所以想利用休息日开车带狗狗远行，让它玩个够

A 每天即便很忙，也要在散步时间以外制造出陪狗狗玩的时间，就算10分钟也可以。开车带狗狗远行时，想让狗狗在目的地尽情奔跑的话要先做一些热身运动，如慢走、慢跑等，然后再开始剧烈运动。而且回家前要记得先做整理运动，按摩身体，然后再回家。

关于散步

散步是狗狗最大的快乐，让它在室外积累各种各样的经验也非常重要。主人要做好每天陪狗狗散步的心理准备。

散步可以刺激狗狗的五官，这对它来说是必不可少的

散步是一种很好的运动，同时也包含着狗狗的社会化因素。在外面，会遇到其他的人、狗狗，听到道路上行驶车辆的声音等，让狗狗从小就经历各种事情，适应人类社会中各种各样的事物，使其成长为沉着冷静的狗狗。此外，一边沐浴在阳光下，一边散步有利于狗狗骨骼和肌肉的发育；到处嗅味道、观察小鸟之类的小动物，这些贵宾犬的本能在散步的过程中得到磨炼。散步不仅是很好的刺激，还能增进狗狗和主人之间的交流。但有一点需要注意，一旦狗狗养成了外出排泄的习惯，那么即便是下雨天也需要出去散步。因此，要训练狗狗室内同样能排泄。

外出排泄后，要用水冲洗干净，并将便便带回家处理。这一类的礼仪习惯一定要遵守。

散步时要注意观察狗狗的状态，适当地休息。特别是夏天，外出散步要带上水，频繁地给它补充水分。

疫苗接种完毕前，可以将狗狗放进胸前包或便携包里，在不接触地面的情况下进行散步，以此进行社会化训练。

初次散步一定要在所有疫苗都接种完毕后进行！

掌握狗狗排泄（做记号）的时间、地点和次数。在室外排泄后，记得用水或除臭剂处理，以免留下气味。在住宅区，避开门口、花坛等地点是基本的礼貌。

幼犬阶段，在所有疫苗（参考P152）都接种完毕前，狗狗容易感染各种疾病，所以绝对不能把它放到地上去散步。这个阶段，可以给狗狗带上项圈或胸背带，系上牵引绳，先在室内练习走路。也可以进入胸前包或便携包里，还可以抱着它去适应外面的环境。

次数·量

最理想的状态是一天2次，每次约30分钟

把散步时间设定为每天2次，每次至少30分钟吧。如果时间实在紧迫，可以在外出目的地跟它玩接球游戏等，以此增加它的运动量。主人的义务是即使再忙，也要保证每天至少带狗狗出去散步1次。没时间去的话，可以拜托熟人带狗狗去散步。

想大致判断狗狗的散步量是否充足，可以通过散步后它是否熟睡来判断。

携带物品

以防万一，钱包和手机也带上

拾便袋、纸巾、冲洗尿液的水和饮用水是必需品。此外，散步时遇到项圈脱落的情况，你也许还没教会狗狗“过来”指令，或者狗狗太兴奋无法捉住的情况也时有发生。以防万一，请带上联络用的手机、钱包、能够唤回狗狗的玩具或零食，以及备用的牵引绳和项圈。

路线

散步路线多变比较好

散步的路线不要每天都选择一样的，偶尔可以试着变换路线。有时可以选择沙砾、土、木屑、草坪等各种各样触感的路线；有时可以去稍远的地方，选择沿河的路线，一起眺望水鸟。富于变化的散步路线可以充分满足狗狗的好奇心。

沙地可以锻炼狗狗的腰腿。但是去海边时要注意，沙子中可能会有贝壳等碎片。

在人行道上散步时要把牵引绳缩短些，以免影响到其他行人。

时间段

夏天要在早上和晚上外出

如果每天在特定的时间散步的话，对于头脑极其聪明的贵宾犬来说，它能预见主人的行动，一旦到了散步的时间，它可能会叫唤着要求去散步。因此，建议主人“大概在这个时间去散步”，将散步时间定在某个范围较大的时间段内。此外，夏天较热的时期，为了避免狗狗中暑，可以选择在早上或晚上外出。但是，晚上较暗，会影响狗狗的视力，容易发生捡食问题。同时还要注意从背后驶来的车辆等。为了让别人注意到“狗狗在散步”，给它带上能发光的项圈、胸背带或牵引绳等，并选择一个安全的场所散步吧。

当狗狗不愿沿着主人引导的方向前进时，主人如果用力拉牵引绳，狗狗有可能会挣脱项圈或胸背带逃掉，这点一定要注意。

关于项圈·胸背带·牵引绳的注意事项

项圈、胸背带和牵引绳是连接狗狗和主人的重要生命纽带。与其时尚性相比，选择时应更注重它的安全性和功能性。

牵引绳

牵引绳的长短、粗细、材质等多种多样。按照不同的用途，选择一款适合自己的牵引绳吧。

普通牵引绳的挑选方法和使用方法

手持方法

将牵引绳套在自己惯用手的拇指上，握法如图所示。必须保证牵引绳从小拇指处向外延伸，不要来回摇晃手臂，确保握着牵引绳的手被固定。这样狗狗能够自己掌握可移动的范围，从而减少拉拽。

长短等

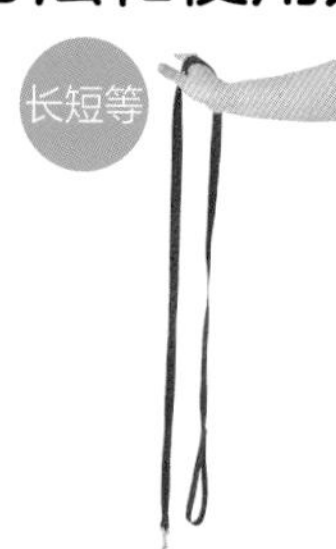

长度为120～140厘米，宽度为1.5～3厘米。建议选择较柔软的、适合手部触感的尼龙制品。

注意！

牵引绳的挂钩部位要经常检查，当活动变迟钝时请及时更换。

长牵引绳和伸缩牵引绳的使用方法

长牵引绳

长牵引绳适合狗狗在宽阔的场地玩接球游戏时佩戴。在进行“捡回来”的训练时，十分有用。

伸缩牵引绳

操作不习惯的话，牵引绳可能会弄伤主人的手部，或者缠住主人或狗狗的脚。所以，刚开始使用时可以先让一个人扮演狗狗，人和人之间练习使用。

注意！

替换牵引绳时，狗狗会逃脱！

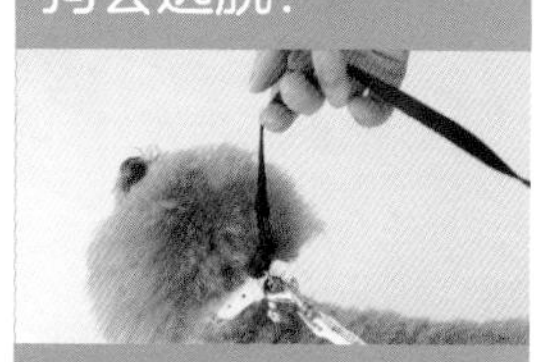

在公园之类的地方给狗狗换牵引绳时，狗狗可能会逃脱。因此，替换时要养成先将两个牵引绳同时系上，然后再取掉不需要的一方的好习惯。

项圈・胸背带

项圈、胸背带要选择质量轻且结实的，最好是可以项圈、胸背带两用的。

项圈的种类

自动伸缩项圈・布

这种项圈佩戴舒适，拉拽时会自动调节至最佳尺寸，因此不易脱落。特点是可调节部位的材质是布，质量较锁链轻。

自动伸缩项圈・锁链

构成和布制项圈相同，但可调节部位为锁链。适合活泼型狗狗，但不适合运动时不喜欢锁链声音的狗狗。

以防万一，建议在室内也给狗狗佩戴项圈。但是，自动调节型项圈的锁链部位有时会夹住狗狗的下巴，所以该类型的项圈散步回来后必须脱掉。

卡扣型

连接部分为塑料，也被称为快卸型项圈。方便穿脱，但易坏，建议一年一换。

皮带扣型

连接部位能够结实地固定在项圈的打孔处，只要穿戴正确，一般不会被狗狗挣脱。使用久了易磨损，建议一年一换。

胸背带的种类

8字型

这是胸背带的原型，穿脱时必须要将狗狗的前足套进去，因此平时必须让狗狗习惯被触摸身体和脚部。

工字型

尺寸可以微调，很好地贴合身体。和项圈配合穿着时，胸口处的环和项圈的D环可以一起连接到牵引绳上，从而防止拉拽。

其他类型

这种类型的胸背带在穿着时可以不套过狗狗的前足，除此之外，还有类似背心的衣服型、防拉拽型等各种各样的类型。

胸背带也被称为体环，不会给狗狗的头部带来压力，因此老年狗也适用。不过，如果狗狗穿脱不习惯的话，使用时会费事。

穿戴时的注意事项

项圈

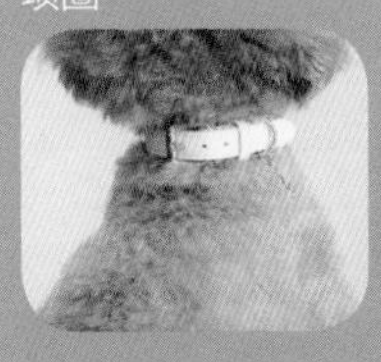

佩戴项圈看起来很难受，不过只要项圈和狗狗脖子间的缝隙能塞进去两个手指，那么这个位置就是它的最合适尺寸。

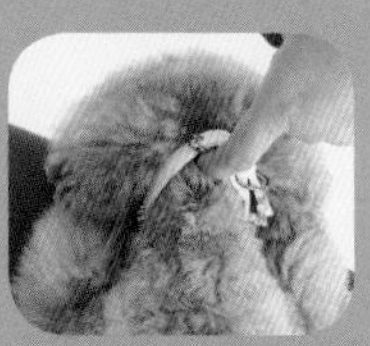

按照图片所示，将项圈向前拉，如果正好卡在狗狗的耳后，那么这就是佩戴项圈的最好状态。

胸背带

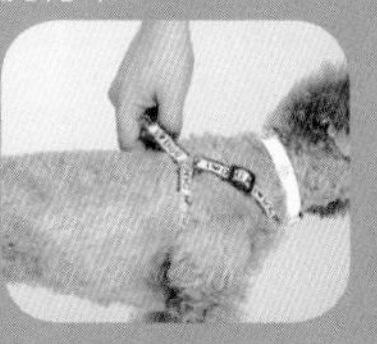

和项圈一样，试着拉拽胸背带，仔细检查狗狗的身体是否会挣脱。

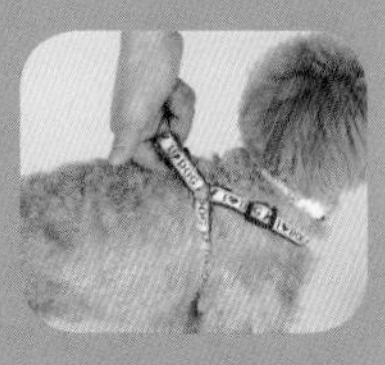

将手指放进体环和狗狗身体的缝隙，如果能塞进一根手指，那么这个位置就是狗狗不易挣脱的最合适尺寸。

让狗狗在鼓励中快乐地成长

教育狗狗时切忌生气和处罚，要尽量避免无法完成或危险的动作。将重点放在鼓励上，教会它正确的动作，这才是教养的基本。在此给大家介绍几种对日常生活非常有益的教养。

主人和狗狗每天心情愉快最重要

初来乍到，幼犬不了解家里的规矩，不知道哪里有什么，也不知道哪些行为会带来危险。

为了避免幼犬做出一些意外的行为，主人应整理好环境，教育它正确的行为。如果完成的好，就奖励它零食或玩具等。主人应将这种做法作为教养的基本。

教养训练最好每天进行，在主人和狗狗心情愉悦的情况下进行训练是非常重要的 。

当狗狗懂得“主人表扬自己，说明自己表现很好”后，并且室内练习越来越熟练以后，可以带它去院子或喜欢的公园练习。此外，如果它安静的时候完成得很好，那么可以试着在它玩耍的兴头上或散步兴奋时练习。类似这样，让狗狗循序渐进地提高教养吧。

对狗狗来说，奖励也是多种多样的

哪些可以作为狗狗的奖励，甄选很重要！

零食

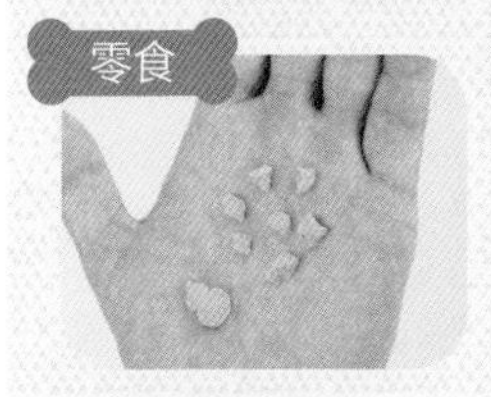

零食要切成小块使用。如果狗狗喜欢食物，用狗粮代替零食也OK。

玩耍

对于活泼型狗狗，可以将它最喜欢的玩具、球球作为奖励，带它去散步也是一种奖励。

肌肤接触

对于喜欢主人抚摸的狗狗，肌肤接触也可作为一种奖励。

教会狗狗目光接触

“当主人叫自己的名字，马上看主人的眼睛”，这种目光接触是教养的基本。从领养那天起，每当叫爱犬名字时都练习目光接触，以此增进互相的信赖关系吧。

当爱犬听到主人的召唤，并望向主人的眼睛的话，记得给它奖励。这样，当狗狗无法判断所处状况，请求主人指示时，就会自然而然地望向主人的眼睛。

在一些固定的词语如“真棒”“真乖”“好”等的后面给狗狗奖励，效果比较好。等到狗狗只要听到表扬的话就会感到高兴时，就可以减少训练时零食的使用量了。

坐下

坐，是狗狗自然习得的动作之一。动作简单，主人训练起来也容易，同时也是应用面较广的指示。训练时要注意，并非“狗狗按照指示坐下了，给完奖励就结束了”，而是主人在发出“可以动了”的指示前，狗狗要一直保持坐的动作，这才是练习的目的。

“坐下”的用武之地

等信号灯时，在宠物医院候诊室时，或者遇到其他人或其他狗狗时避免爱犬扑过去，各种各样的场合都适用。

1 把切成小块的零食握在手里，手腕向下，将手放到狗狗鼻尖处，吸引狗狗的注意力。

2 移动握有零食的手，使狗狗的鼻尖向上抬起，这样它的臀部就会自然而然地接触到地面。

3 狗狗坐下后，反复表扬它给它零食吃。如此，让狗狗在手的诱导下练习坐。

4 当发出“坐下”口令后，打手势，让狗狗明白口令和手势表达的意思是一致的。

注意！

给奖励时，手的位置不能放得太低

给奖励时，如果手的位置放得太低，狗狗就会站起来吃，所以一定要注意。

注意！

诱导时，手的位置不能抬得太高

手的位置太高，狗狗就会立起来。因此手的位置要保持在狗狗臀部正好接触到地面的位置。

小要点

零食的握法

奖励不可以被狗狗看见，要握在手里。用手指捏零食的话，狗狗是看到食物才坐下的，这样一来没有奖励它就不会服从口令了。

趴下

“趴下”的用武之地

让狗狗长时间等待时可以活用这个动作，在它奔跑后、玩耍后，想让它好好休息的时候，这也是一项非常有效的指示。

教育狗狗趴下动作时，通常是在“坐下”动作的基础上进行诱导。然而，这种情况下狗狗会认为“坐下之后就是趴下”，没等主人发出指示，狗狗就擅自趴下了，从而无法保持坐的状态。因此，还是从最初的站立状态开始训练吧。

1 把切成小块的零食握在手里，将手放到处于站立状态的狗狗的鼻尖处，吸引它的注意力。

2 一边吸引狗狗的注意力，一边将握有零食的手慢慢向下移动，手背冲下，使狗狗的鼻尖低下。

3 再向下移动手，使狗狗的鼻尖再向下低，直到狗狗的头部自然下垂，腰部和前足也接触地面为止。

4 当狗狗的腰部和前足的肘关节接触地面后，就给它奖励。当诱导成功后，可以练习根据口令和手势趴下。

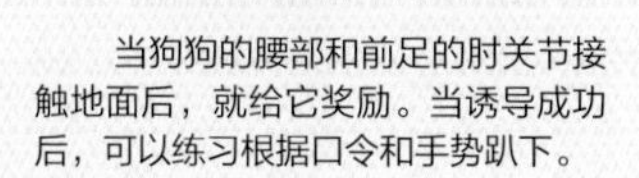

注意！

不要从“坐”的状态开始诱导。

如果狗狗将趴的动作和坐的动作视为连动动作的话，即便你只想让它坐下，它也会不由自主地趴下。

注意！

手的朝向和位置错误的话，狗狗会翘起臀部。

如果手背朝上或手的位置放得过低，则狗狗只有前足能接触到地板，因此需要注意。

小要点

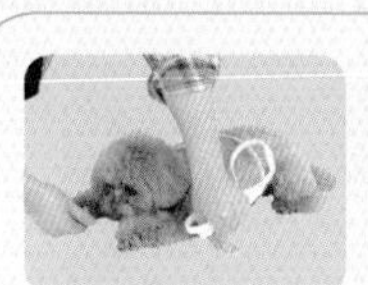

对于那些不易趴下的狗狗

用手做出隧道的形状，诱导狗狗钻过去，然后逐渐降低隧道的高度。

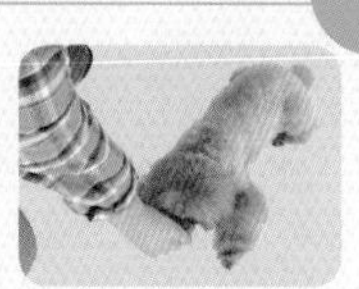

对于那些中途站起来的狗狗

当看到狗狗试图站起来时，可以将零食放在它的前腿之间，这样就能延长趴着的时间了。

等等

外出散步时，为了避免狗狗在你停下来系鞋带的时候，或者处理狗狗排泄物的时候擅自乱动或突然跑开，“等等”这个指示很实用。这个动作需要在狗狗能够按照口令和手势完成“坐下”和“趴下”动作后进行练习。

在防止狗狗突然跑开等突发状况时使用吧！

从坐的状态开始诱导

零食的拿法和从坐的状态开始诱导时一样，主人应保持下蹲等较低的姿势。

1 发出“坐下”口令，做手势，让狗狗先坐下。

2 当狗狗按照指示坐下后，打出事先决定好的等待手势。

3 做完手势后，立即将零食放到打手势的手中，并喂给狗狗。

4 当狗狗看向主人时，主人要做等待手势，并给它零食作为奖励。如果狗狗再抬头看，就可以发出“OK”指示，解除等待状态。

从趴的状态开始诱导

一只手做手势，另一只手握几粒零食，开始练习吧。

1 主人蹲下，当狗狗按照趴下的口令和手势趴下后立即做出等待的手势。

2 顺序和趴下相同，将零食放在狗狗两前足之间，当它抬头看时，就可以用“OK”指示解除等待状态。

3 1～2完成后，再做出趴下的手势，待它趴下了做出等待的手势。

4 和2一样给它零食，如果狗狗想站起来，就迅速给它零食，如此反复练习几次。

过来

步骤1

召唤狗狗回来时，应让它回到方便给它穿戴项圈或牵引绳的两腿之间的位置，请以此为目标进行练习。

① 主人蹲下，将握有零食的手伸向稍远处狗狗所在的地方，诱导它。

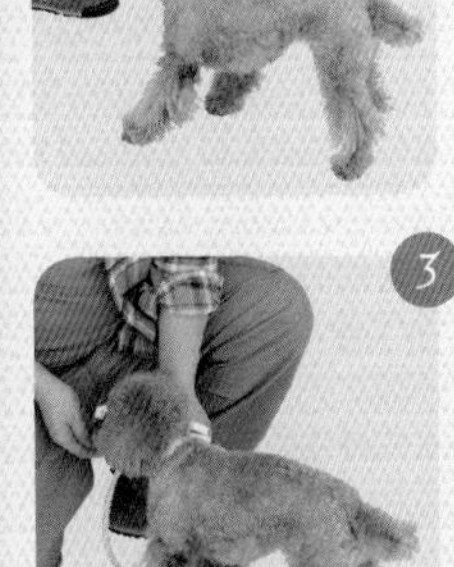

② 一直把狗狗诱导回来，注意刚开始不要触摸它的身体。

③ 待狗狗适应了该状态，就可以轻轻地抚摸它的身体，如果表现乖巧，就将手中握着的零食给它。

步骤2

抓住项圈的时机过早，狗狗会产生警戒心从而不敢靠近了，这点需注意。

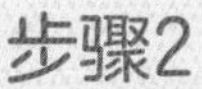

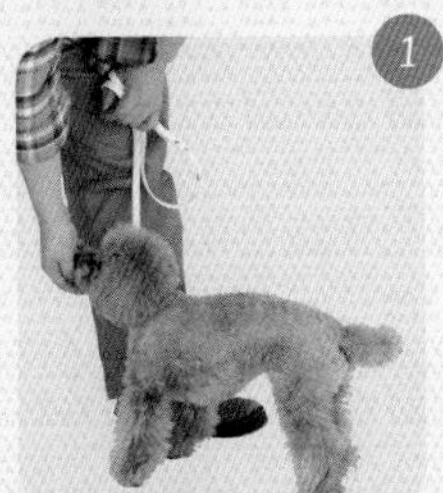

① 事先将零食放在口袋里，等待狗狗按照手势渐渐靠近。

② 狗狗靠近后就抚摸它，然后将手插进项圈，轻轻抚摸。

③ 触摸完项圈后，就从口袋里拿出零食给它奖励吧。

“过来”指令可以在遛狗公园等场所用来召回狗狗，也可以在因项圈脱落狗狗跑开时确保能唤回它，并能给它系上项圈，以确保它的生命安全。不仅只是跑回来，还要触摸到它的身体，这才是“过来”指示的全部内容，这一点要让狗狗领悟到。

采用各种方式进行练习吧

教育狗狗，如果按照“过来”的口令和手势回到主人身边的话，就会有奖励。

这是保护爱犬生命安全的必备指令！一定要掌握

选择一个安全的场所，给狗狗系上长的牵引绳，在它奔跑的过程中练习该动作。

带上狗狗喜欢的玩具，如果它完成了“过来”动作，就跟它一起玩耍。

带上餐具，如果狗狗按照“过来”指示回来后，就喂它食物。

到便携箱里去

一定要让狗狗掌握的本领之一是房子训练。便携箱在带狗狗旅行、住院以及受灾后同行避难时非常有用。平时将其作为房子使用，狗狗会认为那是“一个放心的地方”，这样在移动时就能避免给它带来不必要的压力，十分便利。

1

事先卸掉箱子的门，在里面铺上垫子，垫子里裹上切得很碎的零食。

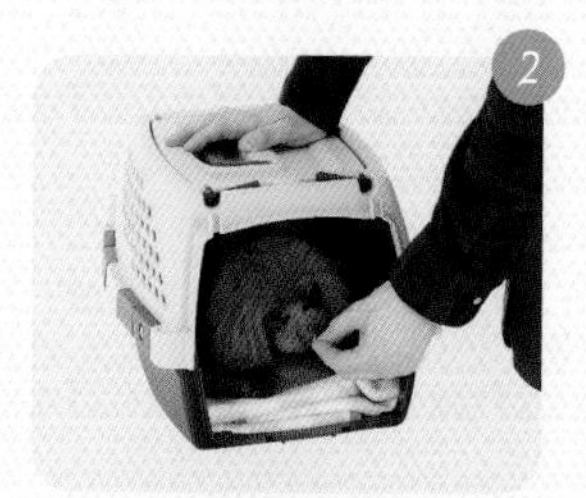

狗狗在零食的吸引下进到箱子中，当它调转身后给它零食奖励，如此反复练习。

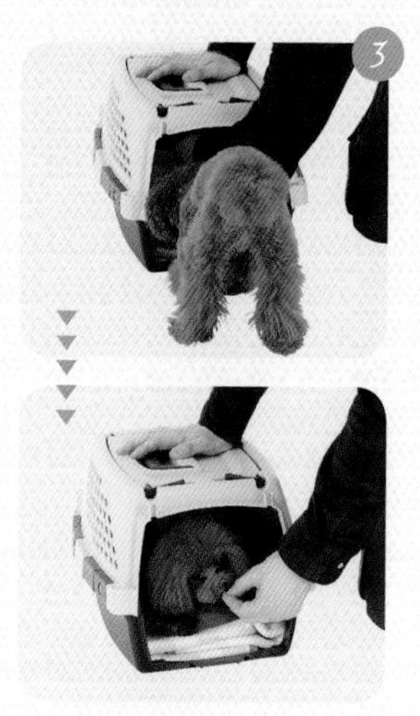

经过2的反复练习，狗狗只要看到主人的手向箱子的方向移动，就会自觉地进到里面。等它进到箱子里调转身子后，就奖励它零食。

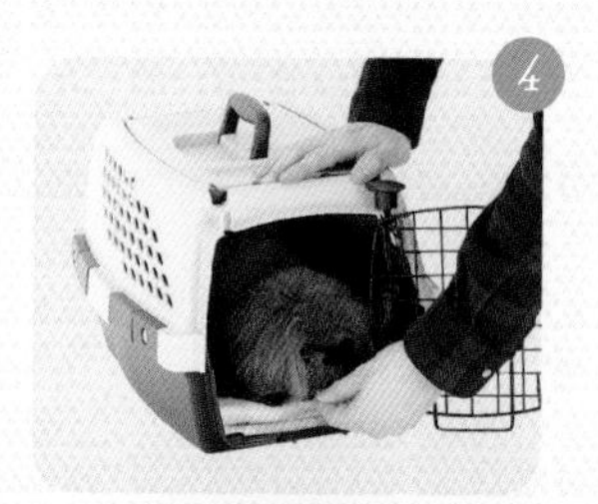

给箱子装上门，重复1～3的练习。注意不要让门吧嗒吧嗒乱动，以免吓到狗狗。

当狗狗进到箱子里后关上门，待一会。奖励它零食，然后马上将它从箱子里放出来。通过这种训练，狗狗会觉得即便箱子的门关上了，很快也能恢复自由，它就会很放心。

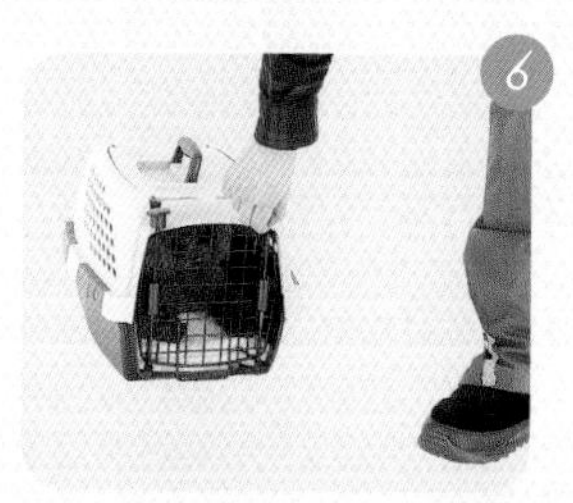

当狗狗进到箱子里后关上门，主人轻轻动一动箱子，如果狗狗很冷静就给它奖励。练习时要慢慢延长箱子门关闭的时间。

让箱子给狗狗留下好印象很重要。千万不能勉强，要耐心地训练。

到笼子里去

1

首先在围栏里铺一块垫子，弄得舒适一些，在垫子里裹上切得很碎的零食，打开围栏的门。

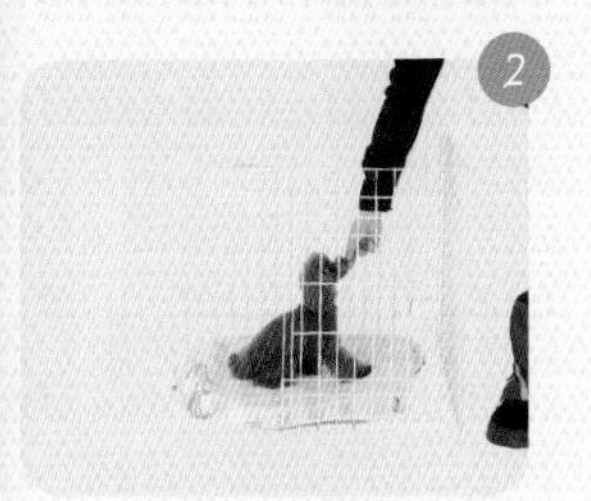

2

当狗狗在零食的吸引下进到围栏后，再奖励给它零食。

3

当狗狗能自己走进围栏后，主人可以试着移动一下围栏。如果狗狗表现冷静，就奖励它零食。如此反复练习。

4

狗狗进入围栏后，关上门，给它奖励然后马上放它出来。如此反复练习，并慢慢延长围栏门的关闭时间。

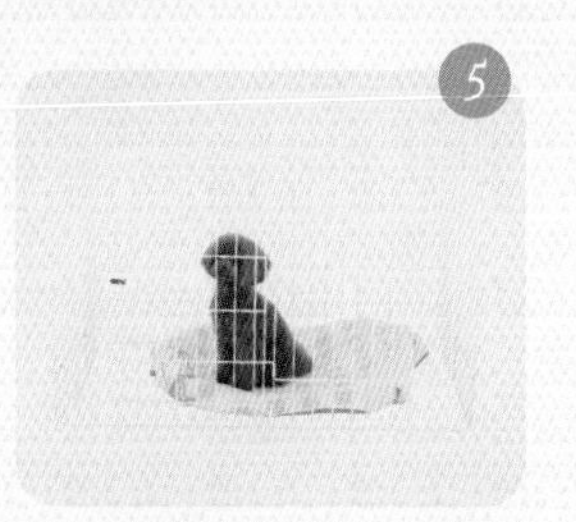

5

当围栏门关上后，如果狗狗很冷静地等待，主人可以试着离开关闭着的围栏。

围栏在厕所训练和房子训练时都能用到。要让狗狗懂得“这里是自己可以放松的地方”，如果它能乖乖地进到一个有限的区域内，那么就迈出了看家小能手的第一步。将围栏里打造得舒适些，让狗狗心情愉悦的生活吧。

将围栏作为房子使用时，建议在狗狗睡觉时蒙上一层布。

设置一个狗狗放心的场所吧

如果只有在去宠物医院时才让狗狗进到箱子里，那么如此反复下去的话，狗狗就会变得讨厌便携箱或笼子，发生紧急情况时也无法让狗狗进去。相反，如果有一个狗狗放心的场所，那么在客人来访之类的场合下，它就可以安静地待在房子里了。因此，领养狗狗后，平时一定要进行房子训练。

待狗狗适应了，那将是一个舒适的场所

各位萌主大人，大家好！

由于这本书是引进版图书，此页内容不符中国国情，于是小编擅自决定把自家萌犬拿出来晒一下。这是陪伴了我7年的小泰迪犬奔奔，它教会了我许多，比如：要勇往直前追求自己喜欢的事物（大部分情况是食物），真诚对待身边的每一个人（主要是给它食物的人），勇于表达自己的情感（还是食物……）。希望每位萌主大人都能遇到自己的萌犬，也祝愿天下的狗狗都能健康快乐地成长，最主要的是遇到能够陪伴它一生的主人。

生活中常见的困扰

咬、叫、看家时搞破坏、跟主人片刻不离，如此种种，贵宾犬有很多令人困扰的行为，本章就介绍一下这些困扰的应对办法。

咬东西

狗狗用嘴完成各种各样的动作，咬东西对它来说是自然而然的行为。但是，“跟人交流时不能用牙齿”，这一点需要教育它。

预防及对策

要想教育狗狗咬东西要克制，平时想办法不让它“轻咬”是关键。对于运动中的物体，狗狗的本能反应是追过去，因此不要在狗狗眼前摆动手，也不要把手当作玩具给它玩。此外，在狗狗不习惯日常护理的阶段，为了抵抗或玩耍它会轻咬你。你可以选择在它玩耍完体力消耗时，或者在它吃零食时做护理，这种状态下它会比较老实。

与此同时，还要想一些让狗狗戒掉“轻咬”的对策。当你陪狗狗玩耍时，如果它突然轻咬你的话，你可以大喊“啊”，然后停止做它正在享受的事（与人的接触）。1分钟后再开始玩游戏，如果它依然轻咬你的话，你就反复重复上述对策。

教育狗狗，咬东西要克制，让它戒掉轻咬

人类用手完成的动作，狗狗一般用嘴来完成。“咬东西”这一动作的目的有很多，如触摸、玩耍、研究、抵抗等。尤其在狗狗出生后3个月内，它会和狗妈妈或兄弟姐妹咬来咬去，嬉戏打闹。这种行为被称为“轻咬”，不具有攻击目的，但乳齿比恒齿细且锋利，即便是幼犬上下颌的力量，也足以扎进人的皮肤。如果它咬得太用力就训斥它，或者发出尖叫声，让狗狗知道咬东西时力度要适可而止。狗狗6个月大左右，乳齿发育成具有攻击性的恒齿，上下颌的力量也变强，这时就要让它学会抑制，不要去咬别人。不过，很早就和母亲或兄弟姐妹分离的狗狗，因正处于掌握咬东西力度的阶段，很可能会用力咬东西。随着其自身的成长，这种问题会有所收敛，但希望主人早些教育它，制止它乱咬东西，以及告诫它跟人交流时不用牙齿。幼犬的教育要在它6个月大之前，成犬的教育则是越早越好。

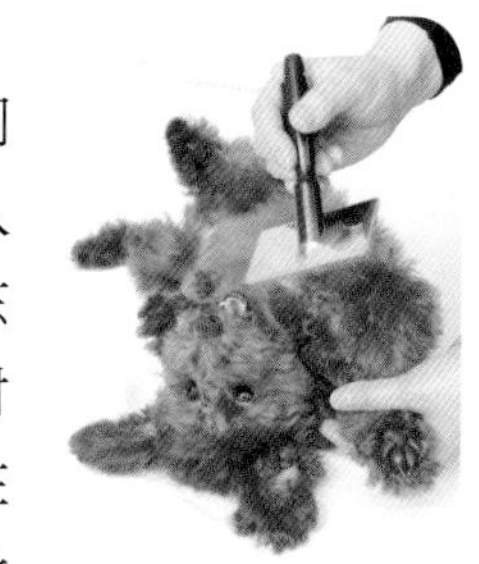

护理狗狗时，它可能会咬过来，因此从小养成好习惯很重要。

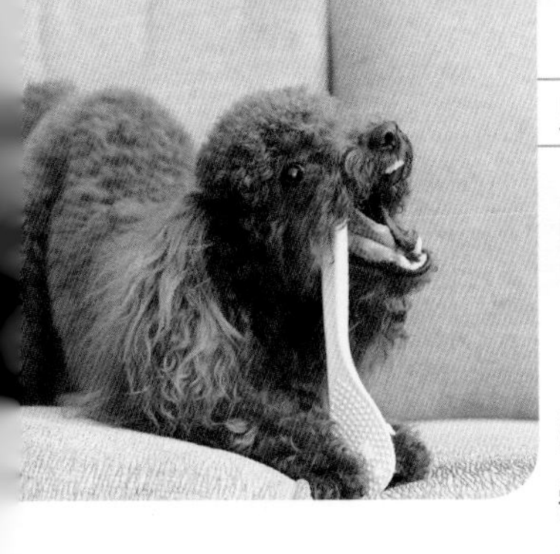

啃

狗狗是一种啃东西欲望很强的动物，所以记得给它准备一些耐啃的玩具来满足它的需求。同时，为了确保狗狗的安全，家中环境一定要整理好。

● 使用苦味喷雾剂

对于那些不想被狗狗啃咬的物品，可以喷上市场上售卖的苦味喷雾剂。

● 设置拦截物或护栏

对于放置着不想被狗狗啃咬的物品的场所，可以设置拦截物或护栏防止狗狗进入。

● 给它玩耐咬的玩具

按照不同用途，请准备两种玩具。为了避免狗狗厌烦，每天轮换4～5次。

满足狗狗的啃咬需求，（整理好生活环境）

好奇心强的幼犬会把各种各样的东西放到嘴里啃着玩。对它来说，家具、地毯、手机、电器的电线等，这些所见之物都是勾起它兴趣的有趣玩具。狗狗啃东西，是非常自然的行为。如果啃东西的欲求得不到满足，狗狗很有可能通过轻咬人的行为来缓解，因此一定要给它准备一些可以啃咬的玩具，同时整理环境将重要的东西收好，以免被狗狗咬坏。

给狗狗啃咬的玩具需要准备两种，一种是它自己可以玩的，一种是跟主人一起玩的。自己玩耍的玩具要选择耐咬的、结实且尺寸较大的类型，如漏食球（KONG）等益智型玩具、或者是可以安全食用的橡胶等。注意，容易出现碎片的玩具有被吞食的危险，一定要避免使用。

跟主人一起玩耍的玩具，建议选择可以进行拉拽游戏的绳索型玩具等。可以准备2～3种不同类型的玩具，以免狗狗厌烦，玩耍时可以视狗狗的状态更换玩具。注意，游戏结束后一定要将玩具放到狗狗够不到的地方。

捡食行为

好奇心旺盛的贵宾犬易被掉落的物体或气味吸引，从而捡地上的东西吃。对此，主人应好好管理、多加练习，做好预防工作。

主人可以通过散步时对狗狗的管理和入口食物的取出来防止捡食行为

散步时，狗狗的捡食行为是主人的烦恼之一。但对狗狗来说，吃自己发现的食物并没什么不好。狗的祖先在和人类共同生活之后，才开始吃剩饭、垃圾等，逐渐由肉食性动物转变成杂食性动物。腐烂味对它来说就是美食的味道，因此掉落的不卫生食物也成了它捡食的对象。除此之外，它还可能捡地上的烟头之类的危险物品吃。

大多数的贵宾犬属于好奇心强的类型，因此容易被地上掉落的物体吸引，对周围的气味也很敏感，极易捡地上的食物吃。所以，带它外出散步时一定要注意。

为了防止狗狗捡食，散步时的狗狗管理和入口食物的取出练习是非常必要的。散步的场所尽量选择地上掉落物少，且狗狗对其不感兴趣的地点。同时还要留意狗狗的举止，如果发现捡食的征兆，应立即拉住牵引绳阻止它。此外，平时要练习触摸狗狗的嘴，以便在它捡食吃时能够立即从它口中取出食物。如果狗狗捡食了危险物品，作为紧急处理办法，可以给它美味的奖励用来交换口中的危险食物。这种情况下，如果主人训斥它并夺走它口中的食物，狗狗会认为自己宝贵的食物被抢走了，下次再捡到这种食物它很有可能会着急吞下。应对狗狗的捡食行为很难，事先准备好对策很重要。

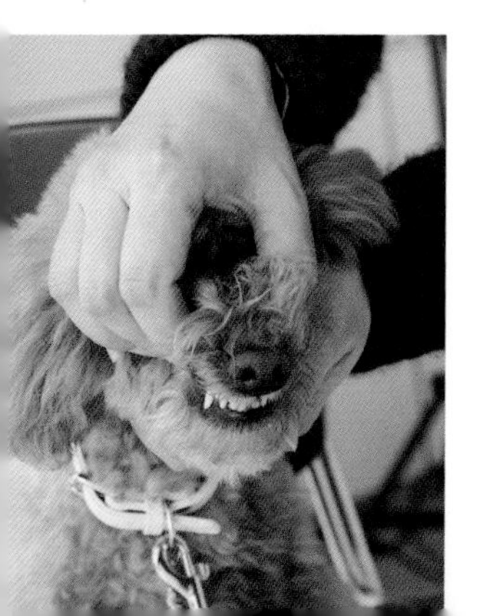

平时要练习触摸狗狗的嘴，把拇指和食指放到狗狗牙齿的后面，如果狗狗张开嘴就把奖励放进去，让狗狗对嘴部的触摸留下好印象。

吃便便

很多狗狗都会吃自己的便便。不要慌、不要乱，抓住狗狗排泄的时机，迅速收拾好。

如果狗狗吃便便的行为一直无法改善，可以带它去宠物医院咨询

可爱的狗狗，竟然会吃便便，很多人都会感到非常惊讶。这种行为被称为“食粪症”，在幼犬阶段较常见。一般来说，这种行为会随着狗狗的成长自然收敛。

食粪的理由有很多，如“便便里残留着狗粮（食物）的味道”“还有未消化的食物”“可以吸引主人的注意力”“自己看家的时间太久，又无聊又饥饿”“营养都被肚子里的寄生虫吸收了，没有饱腹感就吃便便”等。如果狗狗的“食粪症”一直没有改善，建议主人最好带狗狗去宠物医院咨询一下。

基本的食粪对策就是在狗狗排泄后立即收拾。如果目前你正为爱犬的食粪问题而苦恼，建议你采取以下措施。在狗狗开始排泄时就将奖励放在它的鼻尖，吸引它的注意力，并用奖励将它从厕所引开，然后迅速收拾好排泄物。如果被狗狗发现你的意图，下次很有可能会着急吃掉奖励，因此操作时要小心。此外，如果对狗狗的食粪行为表现过于夸张，狗狗会觉得“吃便便能让主人注意到我”，因此收拾时要表现得淡然一些。对于外出时间长的家庭，建议利用连休或长假期集中练习处理对策。

狗狗的食粪行为虽然会随着成长慢慢收敛，但最好早期改掉这个毛病。留狗狗独自看家时间较长的家庭，最好家人一起研究对策。

犬吠

好奇心强或胆小的贵宾犬听到对讲门铃之类的声音后反应很大，容易吼叫。主人要训练狗狗习惯门铃的声音，同时想办法改变狗狗对门铃的印象。

将对讲门铃的声音变成愉快的信号

有的贵宾犬好奇心强，有的胆子小，它们在兴奋或警戒的时候会吼叫。特别是听到对讲门铃声音的时候会吼叫，因为该声音被当作是客人或快递员（狗狗认为是可疑人员）到访的信号。不过，当狗狗看到主人迎接客人的情形或是快递员离开的样子就会变得冷静下来。虽然它们不会一直吼叫，但鉴于集中住宅的居住环境，一听到门铃响狗狗就吼叫，这样会给邻居们带来困扰，所以需要注意。

基本的对应办法就是门铃一响就给狗狗奖励，将门铃声音从可疑人员的信号变成奖励的信号。还可以尝试反复播放门铃的声音，直到狗狗不再有反应、放弃吼叫为止。

此外，发出不妨碍狗狗吼叫的动作指示也是十分有效的办法。例如，当门铃响起时，发出“捡回来”的指示，让狗狗把丢出去的玩具叼回来。当狗狗熟练掌握“等待”指示后，每当门铃响起，就让它“等待”，如果它乖乖地等没有吼叫，就奖励它零食。如上，对应狗吠的办法有很多，选择一种既适合您的爱犬又适合居住环境的办法吧。

门铃一响，就发出“捡回来”的指示。还可以把玩具丢出去以便吸引狗狗的注意力。

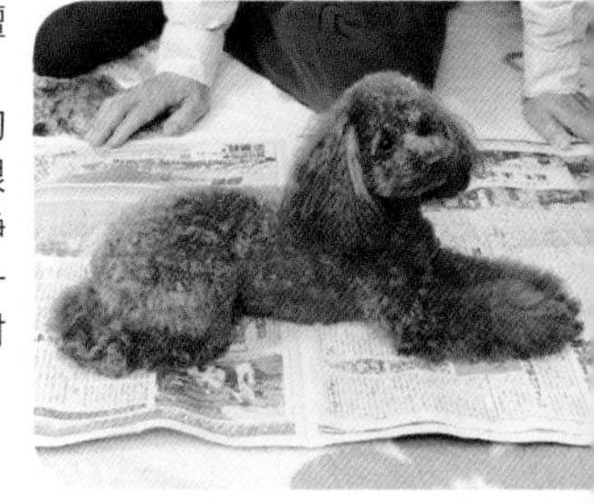

对于擅长“等待”指示的狗狗，让它根据指示安静等待也是一种有效的对应办法。

对着移动的物体吼叫

在被吼叫对象出现前，把狗狗移到其他房间

如果狗狗对吸尘器或拖把等移动的物体吼叫，可以根据不同的原因选择不同的处理办法。

面对可疑的物体，因警戒而吼叫的情况下，可以先将狗狗放到其他房间或围栏中，然后再开始打扫卫生。还可以把吸尘器放在狗狗平时能看到的地方，让它习惯吸尘器的外观。

如果狗狗想玩耍，因兴奋而吼叫的情况下，可以先关掉吸尘器的开关，稍微移动吸尘器→不吼叫的话就给它奖励→吼叫的话发出“等待”指示→冷静下来后给它奖励。等狗狗适应了，就可以打开吸尘器的开关开始工作了。

当狗狗面对移动的物体吼叫时，切忌使它兴奋。

因听到某些声音而吼叫

观察狗狗吼叫前的信号，有利于预防其乱叫

刮风的声音、门摇晃的声音都有可能激起狗狗的警戒心，从而发出吼叫。有时听到消防车汽笛之类的声音还会远吠。狗狗发出几声吼叫是不可避免的，但如果吼叫得太过频繁就发展成了干扰行为，主人应该想办法降低它吼叫的频率。

狗狗在吼叫前会发出各种各样的信号，如动耳朵、凝视某一特定方向等。当主人发觉狗狗的这些行为时，可以轻轻敲击桌子、呼唤它的名字，或想其他办法来吸引它的注意力。如果它最终并没乱叫的话，就给它奖励。如此反复练习，狗狗乱叫的行为将会得到缓解。

当发现狗狗吼叫前的信号时，要想办法吸引它的注意力。狗狗吼叫是有原因的，因此训斥绝对不可以的。

骑跨

骑跨，是狗狗的一种自然行为。但对于讨厌这种行为的人来说，这就变成了令人困扰的动作，因此要让狗狗学会控制。

骑跨行为不分性别和年龄，是一种常见的行为

狗狗紧紧搂住人的腿或靠垫等物体颤抖腰部的动作被称为“骑跨”。虽然是动物交配时的姿势，但其意图并非仅限于此。骑跨行为的原因有很多，如玩耍时的嬉戏打闹、雄贵宾的本能性行为等。以玩耍为目的的骑跨行为，不分性别和年龄，都很常见。这虽然是一种自然行为，但对于讨厌这种动作的人来说，无疑造成了困扰，因此一定要制止。当狗狗与其他狗狗做骑跨行为时，如果对方不接受，双方很有可能会打起来。此外，如果你家爱犬是尚未做去势手术的雄贵宾，而对方是未做避孕手术的雌贵宾，那么很有可能导致妊娠，这应该是双方都不愿发生的。

为了制止狗狗的这一行为，主人应想办法让它的过剩热情冷却下来。如散步时狗狗开始骑跨的话，可将牵引绳缩短，一直等它冷静下来为止。在室内，当它开始骑跨时主人可以若无其事地迅速转移到其他房间。不出声、也不看它、采取完全忽视的态度是成功的关键。如此反复下去，狗狗最终会很自觉地冷静下来。

想让狗狗停下来时，制止它反复做同样的动作是关键。

对于狗狗的骑跨行为，人的骚动会助长它的兴奋。想让它停下来的话，就若无其事地转移到其他房间吧。

扑人

为了防止狗狗扑人弄脏别人的衣服，或扑倒别人，主人需要教会它如何安静地打招呼。

向别人打招呼需要得到主人的“许可”，这个办法很有效

友好的狗狗高兴时会扑向别人，不喜欢狗狗的人对此会感到“害怕”。此外，标准型贵宾犬体型较大，当它扑向人时很有可能使人摔倒甚至受伤，即便对方喜欢狗狗，但弄脏了衣服和包包也很让人困扰。不过，“喜欢人类”这一友好性质是狗狗的优点，最好让它得到充分的发挥。因此，主人应想办法教会狗狗正确的问候方式，把它培育成有礼貌的狗狗。

这里想给大家介绍的是“主人许可制”招呼方式。例如，首先是阻止狗狗扑人。具体来讲，就是当有人走近时，用脚轻轻踩住牵引绳，使它固定，在物理学上控制它无法扑人。其次是教会它“等待”。将这两个步骤配合练习并完全掌握后，就可以根据不同的情形分别使用了。当狗狗特别兴奋的时候，可以轻踩牵引绳；当它比较冷静的时候，可以指示它“等待”。为了让狗狗懂得“跟别人打招呼必须得到主人的许可”，主人不要每次都允许它打招呼，而是偶尔让它打招呼。通过这种方法，培养狗狗的判断能力，让它自己根据情况判断是否可以打招呼。

当狗狗处于安静状态时，可以指示它“坐下”或“等待”。

主人外出时搞破坏

贵宾犬聪明伶俐，经常会做出一些令主人意想不到的行为。外出时，一定要仔细整顿好室内环境。

不要让狗狗感到不安和无聊，整顿好环境也同样重要

主人外出期间，独自在家的狗狗会做各种恶作剧。例如，咬破尿片、从围栏或笼子里跑出来、翻垃圾桶、误食危险的东西等。狗狗为什么会做恶作剧呢，首先要找到原因。

狗狗一直生活在人的身边，它们渴望跟人接触。而不习惯家人外出的狗狗，为了消除孤独导致的不安感，它需要通过搞破坏来缓解。

有些狗狗搞破坏是为了打发无聊的时间。为了让狗狗能好好看家，主人尽量不要让狗狗感到一丝不安或无聊，室内环境也要整理好，不给狗狗留下搞破坏的机会。

尤其是不习惯看家的幼犬，只要看到主人开始准备外出就会感觉不安。为此，不要让狗狗觉得准备工作是留它独自看家的信号，你可以在准备好后，跟狗狗玩耍一会儿再走，如此重复几次。此外，外出或回家时举止要表现得若无其事。如果狗狗听到人的声音会冷静，建议你在外出前打开电视机或收音机，还可以把狗狗喜欢的漏食球之类的益智类玩具放到笼子或围栏中给它玩。

忙碌时不得已留狗狗长时间在家，应如何应对

在双职工家庭，工作忙碌时可能会让狗狗独自看家10小时以上，或者不能带狗狗做充足的运动。这种情况下，主人可以拜托能够来到家里帮忙遛狗的亲戚、朋友或是值得信赖的托管人员帮忙照看。

注意以下事项!

● 防止狗狗从围栏顶部逃走

格子结构的围栏，狗狗是能够爬上去的，因此记得给围栏加个盖子。

● 手指灵活，能入手的东西都会搞破坏

贵宾犬聪明伶俐，经常会做出一些令主人意想不到的行为。不能被损坏的物品一定要收好。

● 注意将垃圾箱替换成带盖的等

垃圾箱也是狗狗恶作剧的好对象。为了避免狗狗误饮或误食，要使用带盖的垃圾箱等，做好保护工作。

想让狗狗身心疲惫，散步和玩耍十分有效。留狗狗看家前，要让它的体力得到充分消耗!

外出期间，可以使用安全的益智型玩具。不要使用已破损的玩具。

外出前和狗狗一起玩耍，消耗掉它的体力吧

此外，外出前最好先带狗狗去散步，一起玩它最喜欢的接球游戏，陪它玩尽兴，以此充分消耗掉它的体力。这样一来，狗狗虽然疲惫但心情愉悦且十分满足，看家时就没精力搞破坏了，应该会好好地睡上一觉。

为了让狗狗在主人外出期间过得舒适，而且为了打造一个没有机会搞破坏的环境，主人应重新整理狗狗的生活空间。如果狗狗住在围栏里，请参考“关于居住空间”（P40）的介绍。如果围栏没有顶盖，狗狗很有可能从顶部逃走（格子结构的围栏，狗狗是能够爬上去的！），这点要注意。

如果狗狗住在房间里不受约束，那么一定要将重要的东西和危险的物品放到狗狗碰不到的地方。外出期间，为了双方都放心，一定要整理好环境。

没法和主人分离

当主人寂寞时，看到跟在自己后面的爱犬会觉得很可爱，但这种行为升级的话，将带来各种各样的问题，因此还是早点改正为好。

打造出主人和狗狗互相不过分依赖的关系

除了标准型贵宾犬以外，其他体型小的贵宾犬都可以放到便携包里，可以带它一起乘坐允许携带宠物的公共交通工具，一起去允许宠物进入的购物中心购物。这样一来，主人和狗狗的相处时间就多了起来。但是，如果狗狗没有离开过主人的经历，它将对主人产生严重的依赖，从而一刻也离不开主人。如果原本就是依赖性很强的狗狗，即使主人去了另一个房间，它也会感到不安从而吼叫，甚至遗便。主人不可能一刻不离地陪在狗狗身边，如家人的有事外出、出差旅行等，这些都是不得不分离的时刻。这种情况下，如果狗狗不习惯独自生活，它将感到巨大的压力，甚至会影响身体健康，主人也会因担心而产生压力。

为了避免上述情况的发生，为了让狗狗在主人外出时也能安静等待，要从幼犬阶段就锻炼它。为了让它一边消磨时间一边等待，可以有效利用益智类玩具或橡胶等。这种练习也可为主人和狗狗创造分离的机会。不因对方的不在而感到压力，这是迈向自立的第一步。

当狗狗变得能独自冷静下来时，主人的离开将不会给它带来过大的压力。

让狗狗学会隔着围栏等待

制造一种狗狗能看到主人但无法接近主人的状态。可以用围栏之类的物体将房间隔开，使狗狗的位置和主人的位置处于相隔状态，如果它表现镇定，就给它奖励。反复练习后，狗狗会学习到，只要自己安静下来，即便不靠近主人也会得到奖励。如果它开始吼叫，就要耐心等它安静下来。待它安静了，再静静地给它奖励，注意不要让它再度兴奋。

用围栏之类的东西将房间隔开，如果它表现镇定，就给它奖励或口头表扬它。

如果它开始吼叫，就要耐心等它安静下来。可以坐在椅子上，读读书或看看电影，但千万不要看它。

让狗狗学会在某一固定场所放松

为了让狗狗身心放松，请准备一个垫子或一张床。主人坐在地上，将握着奖励的手放在狗狗鼻尖，诱导它走到垫子处。当它成功被诱导到垫子上后，就把手里的奖励给它。如此反复练习几次后，即便主人手里不拿奖励，也能成功地将狗狗诱导到垫子上。下一步，请主人采取站立的姿势诱导狗狗。当狗狗待在垫子上时，主人可以在它附近来回走动，如果它很安静，就表扬它并给它奖励。

诱导时，主人应先采取坐姿，再采取站姿。因为日常生活中主人站立的时间较多，所以狗狗应该适应这种状态。

当主人在离垫子较远的地方来回走动时，如果狗狗依旧保持安静，就可以表扬它并给它奖励。

在被牵引的状态下等待

给狗狗带上项圈，系上牵引绳，并将牵引绳的另一端系在柱子或其他家具上，然后将狗狗诱导到垫子上休息。如果狗狗在这种状态下保持安静的话，就表扬它并给它奖励。当狗狗适应这种被牵引的状态后，主人可以离开垫子去其他房间，如果这时狗狗依然安静，就表扬它并给它奖励。这种练习是室内的等待练习，室外练习的话，被牵引状态的狗狗很可能被其他人领走，因此尽量不要在室外练习。

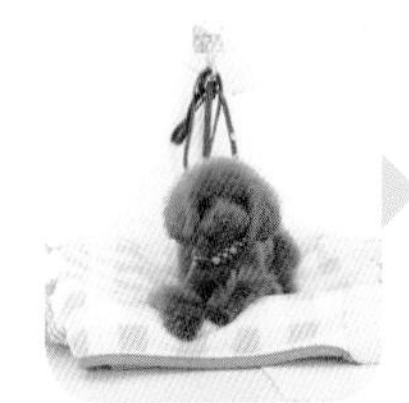

将牵引绳系在柱子或家具等稳定的地方。放一个垫子，这样狗狗更容易放松。

主人移动到其他房间并静静地等几分钟，回来后表扬狗狗并给它奖励。

在分离焦虑症恶化之前

贵宾犬容易罹患严重的分离焦虑症……

不习惯独自待着的狗狗，当主人不在时会感到不安，并做出一些令人困扰的行为，如吼叫、遗便、搞破坏等。孤独的状态带给狗狗很大压力，很可能表现出分离焦虑症的病症。依赖性强的狗狗受到的压力更大，有时会做出破坏性行为，如疯狂地挠墙壁或门，挠到手指出血。有的甚至会做出自伤行为，如疯狂的咬自己直到出血。这种情况下，主人应咨询宠物行为治疗方面的专家，采取必要的治疗措施。

贵宾犬容易罹患严重的分离焦虑症，因此从幼犬阶段起就要抓好自立训练。事实上，饲养贵宾犬时，主人也会出现依赖狗狗的倾向。

很多贵宾犬都有“想跟主人在一起”“想跟主人撒娇”的强烈情感，对此，主人会觉得“我要陪在它身边”，从而主人和狗狗之间便发展成了相互依赖的关系，这种情况也是很常见的。这种关系最终导致的结果是，主人会因过于担心狗狗而不愿离开它，会觉得“让狗狗独自待着太可怜了”。但是，日常生活中主人需要工作或外出办事，不可能一直把狗狗带在身边，肯定会有把它独自留在家中的时候。对于一直有主人陪在身边的狗狗来说，突如其来的独自留守更会让它感到严重不安，倍感压力。因此，请利用主人有事外出的机会，给双方创造出独自生活的时间吧。

留守或自立的练习应分阶段进行，请和爱犬建立一种良好的关系吧。

在进行留守或自立练习时，建议使用便携箱或围栏，并在平常的生活中多加练习。

护理时应该事先了解的事宜

刷毛、洗澡、与美容院的沟通等，
本章将进行全方位的护理方法介绍。

检查爱犬的毛，掌握它毛发的量、密度、松弛程度、卷曲程度等，以此了解爱犬的特征及个性。

了解一下贵宾犬的毛质吧

贵宾犬是单层被毛，耐暑但不耐寒，这点需要记住。

用刷子细心地梳掉狗狗的脱毛吧

狗狗的毛发分两种，一种是较粗、较硬的上层长毛，一种是较细、较软的下层绒毛。上层长毛是为了保护皮肤不受外界的刺激，下层绒毛则是寒冷季节生长、酷暑季节脱落，用来调节体温的。两种毛发都生长着、具有双重结构的被称为双层被毛，反之则被称为单层被毛。

贵宾犬的毛发具有一定的松弛度，并且柔软，属于单层被毛。它的毛发看起来虽然是一圈圈地卷着，但只要你用刷子梳理，毛发就会自然舒展，变得松软。贵宾犬的毛量虽然存在个体差异，但跟双层被毛的狗狗相比，它的脱毛量较少。此外，贵宾犬的毛发属于细卷毛类型，容易打结，因此需要用刷子细心地将打结或起球的毛发梳掉。

单层被毛的狗狗不像双层被毛狗狗那样能够调节自己的体温，因此主人需要根据季节的变化采取一些措施，让狗狗过得舒适。酷暑的季节，在通风的地方，贵宾犬的毛发容易散热。但通风的地方日照也比较强，为了避免日照伤害到狗狗的皮肤，注意外出时间不宜过长。此外还应注意，如果把贵宾犬的毛发剪得过短甚至能看到皮肤，受到日光或外界的刺激，狗狗被毛可能会出现变色问题。寒冷季节为了给狗狗保温，可以给它穿上衣服，让它温暖地度过冬天。

单层被毛的代表

单层被毛是指狗狗的毛质几乎只由一种毛构成，除了贵宾犬这种小卷毛的类型外，还包括直毛、波浪卷毛的犬种。这种毛质的特征就是掉毛少。

双层被毛的代表

双层被毛是指狗狗的毛质由较硬的上层长毛和较软的下层绒毛两种构成。多见于柴犬这种原产于冷暖气候明显地域或寒冷地域的犬种。

修剪过后神清气爽！

对于保留脸部周围毛发的造型，只是1个月的时间，眼睛、嘴巴、耳朵的毛就会长很长。

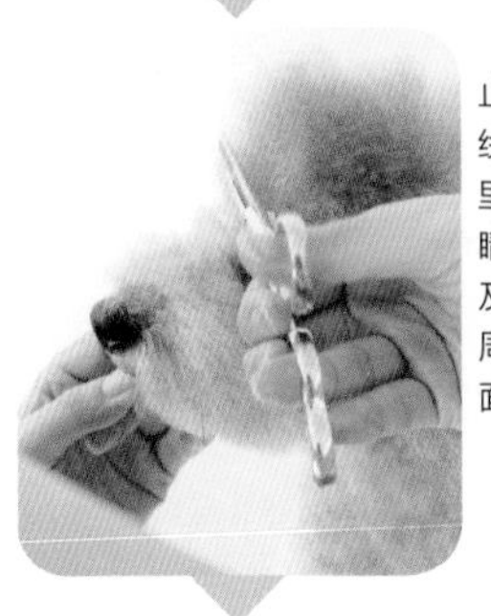

为了防止毛发影响视线或进到嘴里，请修剪眼睛上方、下方及中间、嘴巴周围和下巴下面的毛。

只是稍加修剪，感觉立即不一样，变得更可爱了。看起来既清爽又干净，狗狗也会觉得很舒服。

毛发生长速度快，享受修剪乐趣的同时注意保持卫生

贵宾犬的毛发会一直生长，因此可以修剪成各种各样的造型。偶尔的形象大改造会给主人带来很多乐趣吧。贵宾犬的一大优点就是毛发长得快，因此就算新造型不适合爱犬也没关系。但是，即便是在宠物美容院做的造型，一个月之后也会走形，因此有必要定期去美容院修剪。毛发长长后容易起球，起球毛发沾上的污垢可能会引起某些皮肤疾病。为了保持卫生，每天在家进行护理是必不可少的。同时，还应每月去一次美容院，给狗狗做修剪和清洗。特别是狗狗嘴周围难护理的位置，交给专业的狗狗美容师会比较放心。你还可以跟美容师咨询，选择适合爱犬脸型和生活环境的护理方法及造型。

白色被毛的贵宾犬脏的时候很明显，其他毛色虽然不明显但一样会有污垢，所以都需要护理。

什么时候开始给幼犬洗澡和修剪毛发？

幼犬的被毛像绒毛一样细，皮肤很柔软。抗刺激能力弱，所以应先关注它的卫生护理。

为了不强迫狗狗保持清洁，可以从修剪护理开始

贵宾犬的幼犬拥有可爱的身姿，就像毛绒玩具一样。0～3个月大时，它长着柔软的、毛茸茸的被毛；5～10个月，开始发生变化，毛质变硬，卷度变大；1岁以后，它的毛质已发育完全，就可以修剪成各种各样的造型了。

当幼犬处于柔软被毛阶段，为了保持其毛发的清洁，请以梳理护理为主。2～4个月大时，护理的重点请放在脸部和身体的擦拭、毛发梳理、耳朵清洁、指甲修剪上。这些护理应在领养狗狗后立即开始。不过，幼犬被毛较柔软，修理整齐比较困难，可能会弄成蓬松的样子。这种情况在幼犬阶段是无法避免的，所以希望主人不要在意它的造型是否漂亮，而应更关注它的卫生问题。当狗狗特别脏时，在家里给它洗身体的某个部分也是可以的。

选择适合幼犬皮肤的护理方法

幼犬的皮肤柔软，抗刺激能力弱，因此梳理或清洁时一定要注意。

梳理用的工具建议使用约10厘米宽的针梳，不要用太大的。梳理时注意不要让尖端碰到皮肤，细小的位置也要梳理到，清理起球毛发时要小心。当狗狗长大后，这个型号的针梳依然可以使用。

此外，洗澡会消耗掉幼犬很多体力。因此，一段时间内，可以视狗狗的状态选择擦拭身体的方法，当特别脏时可以只洗它身体的某一部分。香波请使用幼犬专用或刺激性小的，使用时慢慢揉搓。

为了保持脸部清洁…

当脸部污垢擦不掉时，可以拜托专业的美容师帮忙剪短脸部的毛发。

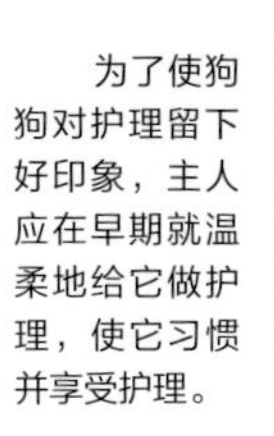

为了使狗狗对护理留下好印象，主人应在早期就温柔地给它做护理，使它习惯并享受护理。

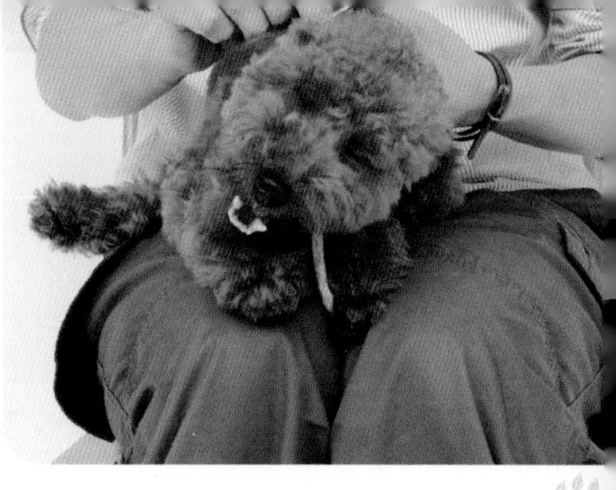

在疫苗接种完毕前，带狗狗去宠物医院护理更放心

幼犬性格活泼，因此某些护理在家中很难完成。虽然将狗狗眼睛上方、下方和嘴巴周围的毛发剪短更有利于保持清洁，但对于尚不习惯给狗狗做护理的主人来说，使用剪刀时很可能会弄伤狗狗。此外，强行修剪，很可能会让狗狗变得讨厌做护理。贵宾犬是一生都需要修剪的犬种，所以最好将修剪工作交给宠物医院或宠物美容院来完成。对于贵宾犬来说，毛发经过精心修剪后，其毛质会发育得很好。

当狂犬疫苗或其他疫苗尚未接种完毕前，定期带狗狗去宠物医院接受护理更放心。关于适宜外出去宠物美容院的时间，主人可以向兽医师咨询。不过，因为幼犬的免疫力尚不强，所以有些美容院可能会有关于狗狗月龄限制之类的规定。

● 把眼睛上方、下方和嘴巴周围的毛发剪短

把易沾污垢的眼睛和嘴巴周围的毛发剪短。这种护理在家就能进行，有利于保持清洁，使狗狗看起来生机勃勃。

● 用推子剃掉脸部毛发

如果想进一步提高脸部的清洁感，可以用推子把脸部毛发剃掉。这种护理在家就能进行，主人还能看见爱犬的真实容貌。

和宠物美容师好好交谈，选择适合爱犬容貌、体格、毛量等的修剪造型。

和宠物美容院顺畅沟通的方法

为了能够选择一家值得信赖的宠物美容院，并且选择一款适合爱犬的造型，你应该掌握一些技巧。

为了分享预期造型的样子，主人需要和美容师好好交谈

贵宾犬必须进行修剪，因此找一家值得信赖的宠物美容院，并且能够进行顺畅的沟通是非常重要的。如果有中意的美容院，主人可以通过一些方法进行判断，如可以通过电话获取一个初步印象，或者通过他们的主页感受美容院的氛围和修剪造型案例，还可以去现场参观他们的技术和设施等。

有时，即便你认为那是一家值得信赖的美容院，但当拜托他们给狗狗修剪造型时，完成的造型可能会跟主人预期的不一样。最先想到的原因可能是主人和美容师之间出现语言上的歧义。例如，“短”这个词，不同人想象的程度是不一样的，而且用推子和剪刀修剪的结果是完全不一样的。因此，提出修剪要求时可以说“用推子剪短一些”，而非单用一个形容词来形容。其次，你提出的修剪要求可能不符合爱犬的脸型、体格或毛量等。就像人的发型需要根据脸型设计，同样的，在给贵宾犬修剪造型时，也要考虑到它身体的各种特征。为了打造出预期的造型，主人和美容师之间分享预期效果很重要。与其口头描述，不如用照片进行说明，这样更直观。照片最好是有正面、后面、侧面和上面四个角度的效果，仅仅有个大致图像也可以。综上，在给爱犬修剪造型时，请结合它的特征跟美容师好好商量吧。

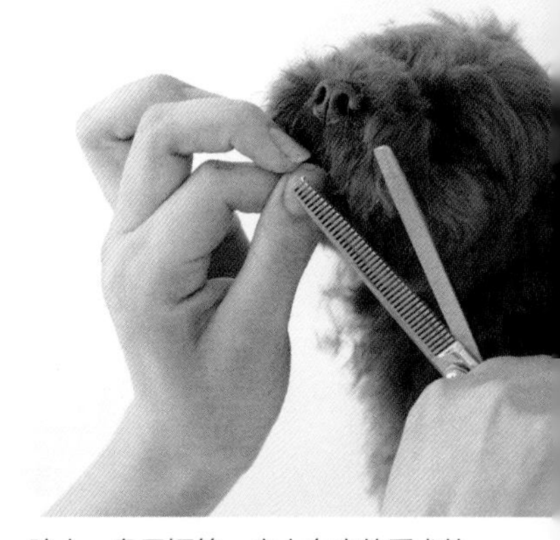

脸大、鼻子短等，主人在意的爱犬的特征都可以跟美容师交流。胡子的厚度稍有变化，整体的感觉就会变得不一样。

非常方便的美容用语

为了更加深入地了解宠物美容，先掌握一些宠物美容的专业术语吧。

胡子

是指剃掉脸两侧的毛，像胡子似的保留嘴巴周围毛发的造型。给人的感觉像是英国的绅士。

修毛

是指修剪毛发尖端。1岁以前应经常修毛，这样狗狗的毛质会变好。

包裹

是指为了防止毛发脏或受伤，用纸将毛发包裹成一束束的。

接毛

是指给狗狗接毛。

染色

指给毛发染色。部分染色被称为挑染（Mesh）。

头顶

头的顶部。

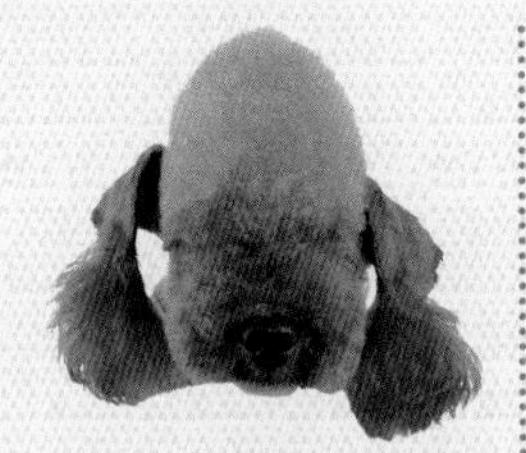

流苏

是指耳尖保留的装饰用毛发。建议打造狗狗优雅气质时使用。这款适合耳朵位置较低的狗狗。

耳根

是指耳朵所在位置。有些造型会利用狗狗头部的毛发使耳朵的位置看起来比实际位置高。

剪毛

是指用剪刀修剪毛发。

喇叭裤腿

是脚部造型的一种。向下微张，形状类似牛仔裤。

口鼻部

指嘴巴的从额头和鼻子之间凹陷的位置到鼻尖的位置。

额段

指额头和鼻子之间凹陷的部位。

推

是用推子剃毛的总称。剃脚部的毛可以说“推足”，剃脸部的毛可以说“推脸”。

剪裁

指用推子给狗狗剃毛。

腰带

是指在狗狗的腰部修剪出一条线。修剪线条的位置不同，造型就会有很大差异。因此与美容师沟通时要形容得具体些。

脸型、毛量、脚的长短、身体肌肉的分布等，差异之多可以称得上是“十犬十色”。

了解爱犬的体型、毛质和脸型等特征吧

为了找到一种适合爱犬的修剪造型或发型，了解它的身体、脸型等特征十分重要。

➡ 体型也是多种多样

贵宾犬的毛发就是它的衣服。什么样的身型、脸型就决定了它应该修剪成什么样的造型，这么说一点也不为过。

选择适合体型的造型很重要

有的贵宾犬腿长，有的则是身长腿短。瘦的狗狗不适合把身体线条展现出来，因此不适合用推子修剪；而胖的狗狗如果修剪得圆滚滚的，看起来会更胖。因此，选择一款适合爱犬体型的造型吧。

和造型同样重要的一点就是狗狗的毛量

“明明脸蛋长得很可爱，为什么不适合其他狗狗那种的泰迪熊造型呢”，遇到这种问题，主人可以要求美容师把狗狗的脸型、眼睛和鼻子的位置、身体的大小等特征展现出来，相信你会发现爱犬不一样的魅力。

超大型

是指体型超出玩具型贵宾犬理想体型上限（体高×体长=28厘米×28厘米）的个体。适合精悍的中型犬造型。

高挑型

是指脚长、身高的个体。建议选择高挑、优雅的造型，如马鞍型、梗犬型等。

矮小型

体长、腿短，多见于体型较小的狗狗。适合又圆又可爱的造型。

突出个性的修剪法

对于喉咙处皮肤松弛（垂皮）的狗狗，建议保留脸部的毛，任其生长以便遮盖喉咙的皮肤。

对于有泪痕且下颚往外突的狗狗，可以把泪痕周围的毛剪掉，保留嘴巴周围的毛，以便遮盖下颚突出问题。

长脸、圆脸、细眼、圆眼，贵宾犬的脸型各种各样。口鼻部长且粗的贵宾适合“推脸”，短的则适合泰迪熊造型。

造型不同，脸部给人的印象也千变万化

毛发生长得快，可以挑战各式各样的造型，这就是贵宾犬的魅力所在。变换发型，试着发现爱犬的新魅力吧。

想把爱犬跟其他狗狗区分开时

耐心地留长耳朵上的毛，并将其修整成耳朵位置看起来很高的样子，关键一点是打造出蓬松感。拥有这样的造型，出去散步时回头率绝对百分之百。

脸长的狗狗也适合的泰迪造型

像标准型贵宾犬这种脸型长的狗狗，将其打造成泰迪造型也会十分可爱。把头顶的毛留长，用发带或橡皮筋束起来也很时尚。

通过头顶毛发的量打造出调皮的感觉

如果你厌倦了一成不变的泰迪造型，那么可以试着将狗狗头顶的毛发留长，修剪成圆形并打造出蓬松感。

基本的泰迪造型

可以将毛发再留长一些，打造出华丽的感觉。还可以剪短毛发，感受不一样的爱犬。发型百变也是贵宾的一大魅力。

刮脸，让爱犬更加优雅

采用只有长脸狗狗才适合的“推脸”剪法，能够打造出这么优雅的表情。把耳朵的毛养长，爱犬简直变成了贵妇人，实在令人着迷！

对于脸小、口鼻部短的狗狗

这种狗狗眼圆、头也圆，可以把它耳朵的毛也剪成圆的。这种造型无疑让狗狗看起来更加幼小，小身材的贵宾可以尝试这种造型。

发挥狗狗毛量多、毛质有弹性的特点

这是一款只有毛量多、毛质有弹性的狗狗才适合的造型，就像戴着耳套似的。狗狗老了以后毛量会减少，所以趁着年轻一定要尝试一下！

活泼的狗狗可以把它的毛剪短

这款清爽的短毛造型特别适合每天精神十足、喜欢玩得满身是泥的狗狗。毕竟每天的护理轻松了比什么都开心。

古典·泰迪熊 造型

基本款 就是可爱~

绝对适合任何狗狗的基本泰迪造型。
这种造型会把狗狗整体的毛剪得很短，特别是护理起来特别轻松。
活泼类型的贵宾犬好动，特别推荐这款造型。

整体看起来很清爽
每天的护理也很愉快

侧面

腿部的毛可以剪得短一些，也可以尝试微喇形状，总之可以变换各种造型。

俯视

毛剪得很短，所以给头部周围抹血丝虫药会容易些，体型检查也更方便。

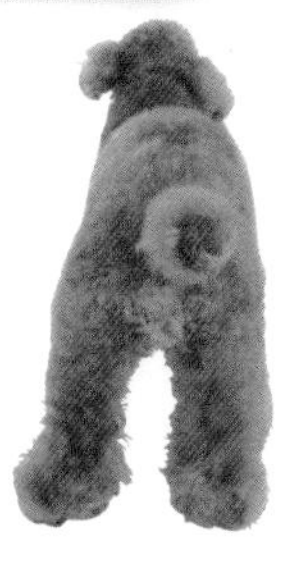

后面

尾巴修剪得很尖锐，感觉就像铅笔一样。臀部周围的毛剪得很短，看起来很清洁。

● 适合的类型

基本上各种毛色、各种体型的狗狗都适合。稍瘦的狗狗可以把毛剪得长一点，覆盖住它的体型；稍胖的狗狗可以把毛剪得短一些，使整体看起来很干练。

● 修剪赞助/Trampdyna

贵宾犬的魅力之一就是可以通过修剪造型突显它的特征，隐藏它的缺陷。一起探索爱犬适合的造型吧。

不对称造型

头顶毛发的处理有技巧！可以打造成跟人的发型一样时尚。想把爱犬和其他狗狗区分开的主人，建议尝试这种造型。

看似简单的造型中，一点创新就能使狗狗熠熠生辉

适合的类型

基本上各种体型、各种毛色的狗狗都适合。将玩具型贵宾犬等体型较小的狗狗修剪这种造型显得更精致、更帅气。建议毛质卷曲度小的狗狗尝试。

侧面

将四肢的毛留长到接近足尖，基本上呈微喇形状。根据爱犬脸部的特征决定不对称造型中哪一侧毛发长。

俯视

对于头顶毛发的长短，应保证从上往下看时左右也是不对称的。身体的毛只需简单地剪短即可。

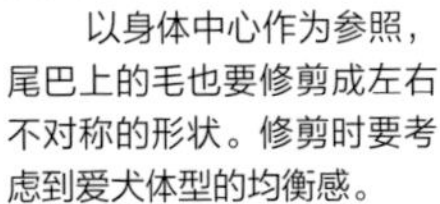

后面

以身体中心作为参照，尾巴上的毛也要修剪成左右不对称的形状。修剪时要考虑到爱犬体型的均衡感。

● 修剪赞助/Komachi Tokyo

高贵造型

是一种能够参加宠物秀的贵宾犬修剪造型，比欧陆造型更华丽。

利用大量的毛发打造出来的华丽的贵宾犬正装造型

适合的类型

各种毛色的狗狗都适合，尤其适合拥有白色、黑色等历史悠久毛色的狗狗。此外，为了打造华丽的感觉，毛量多的狗狗修剪得更漂亮，这也是此种造型的特点。

侧面

莲座（腰部修剪的部位）和镯子（脚）位置的修剪应适合爱犬的骨骼。

俯视

将身上的毛用推子剃干净。莲座的形状多种多样，可以尝试不同的风格。

后面

臀部周围的毛也用推子剃干净了，所以护理起来比较简单。尾巴的根部也要用推子剃干净。

● 修剪赞助/Doggie-Do

乡村
造型

不用看正面，只看背面就能给人带来欢乐的造型。修剪成肉球形状这一关键要领使得狗狗十分可爱。

适合的类型

为了在腰部打造出漂亮的肉球标识，需要狗狗有足够多的毛量以及较硬的毛质。该造型以脸部为中心，将整体修剪得很清爽，特别适合活泼的狗狗修剪。

侧面

为了保留可爱的感觉，可将脚部打造成毛绒玩具似的，把毛剪得粗一些。整体打造成松软状。

俯视

将腰部的毛修剪成肉球形非常可爱。为了使肉球位置更突出，需要将周围的毛剪短一些。

后面

想象成貉子的尾巴，修剪成又粗又可爱是关键。根据尾巴的长度，修剪成圆形也OK。

修剪赞助/DOG SALON FELICE

少女&莫西干式
造型

将头发向上梳理的话，气场也变得强大了。背部的毛也梳成莫西干式的，看起来相当时尚！

适合的类型

需要将狗狗整体打造成松软的样子，因此建议毛量多的狗狗尝试。身材纤细的狗狗可以通过这种造型覆盖住自己的体型。年轻的雌性可以把耳朵的毛留长，年轻的雄性可以把耳朵的毛剪短，把莫西干式的头发留长。

侧面

想让狗狗的体型看起来大一些的话，可以通过修剪让腿部看起来长一些，同时使下摆部位外扩，整体呈现松软状。

俯视

将头部的毛修剪成莫西干式，与此对应，将从头部到尾巴的背部也修剪成莫西干式，整体统一。

后面

尾巴也要修剪得大一些，以便与整体保持一致。修剪的关键是保留尾巴蓬松、柔软的感觉。

年轻的雌性修剪赞助 / Trampdyna

蓬松雪人 造型

整体给人胖乎乎的感觉。嘴边的毛也相应地修剪成圆圆的。较长的耳毛呈现出端庄的气质。头发可以编成三股辫或系上丝带，各式各样的造型带你体验爱犬不一样的可爱魅力。

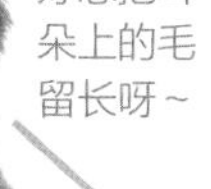

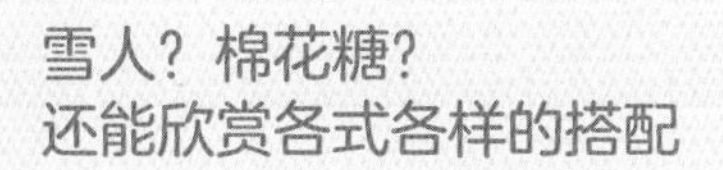

侧面

侧面打造得很简洁，剪裁呈A形。耳朵和头部的毛发留长，用发带束起来也很可爱。

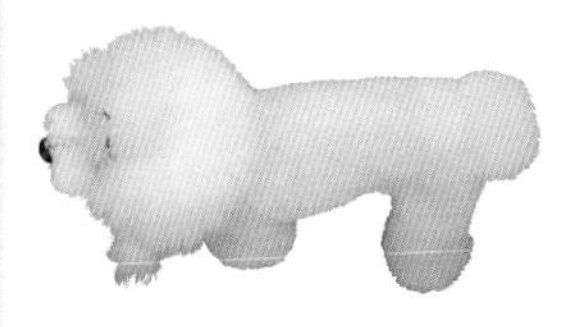

俯视

不要剪得又短又直，要使整体呈现出空气感，打造出蓬松的感觉，这是关键。

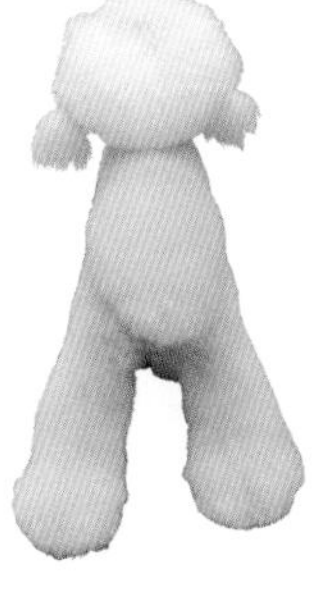

后面

尾巴上的毛留长并修剪成圆形，要像雪球一样圆，打造成嘭嘭的样子，十分可爱。

● 适合的类型

如果你家狗狗毛量多，这种造型值得一试。因为头部的毛量很多，所以毛色浅的狗狗看上去不会过于沉重。毛色深的狗狗可以用发带把头部的毛束起来，打造出爽朗的感觉。

● 修剪赞助/F by design f+c

欧陆·泰迪 造型

这是一种融入了彰显王道气质的欧陆风格的经典修剪造型。心形的绒球使狗狗的可爱度大增！脸部造型是以泰迪造型为基础打造的。想与众不同，就请尝试这种造型吧。

有弛的身体，好棒啊！

经典造型中搭配时髦的元素

侧面

特征之一就是毛量充足的上半身和修剪简洁的下半身的搭配。脸部以泰迪造型为基础，模仿人的脸型，修剪出额头。

俯视

用剪刀修剪下半身的毛，使狗狗的额头看起来和下半身连在一起。腰部以下的毛用推子剃短，只将腿部的毛修剪成绒绒的心形。

后面

从腰部到脚部的轮廓上，大腿和脚脖处的绒球增添了整体的韵味。同时还具有拉伸脚部线条的效果。

● 适合的类型

这种造型需要利用上半身丰富的毛发修剪成蓬松的样子，因此建议毛量多的狗狗修剪。腿长的狗狗剪出来的造型整体更加匀称。任何毛色的狗狗都适合，但黑色毛更能突显出经典气质。

● 修剪赞助/ Trampdyna

短裤造型

狗狗的臀部修剪得很大，而且圆滚滚的，简直就像神话故事里穿着南瓜短裤的主人公！

适合的类型

适合各种毛色的狗狗，建议毛质柔软、毛量较多的狗狗尝试。臀部的毛量较多，因此身细腿长的狗狗更相配。

侧面

四肢的毛修剪得短一些，脚部的毛留长一点修成圆形，这样能使腿部看起来很细。狗狗的毛整体上都很短，所以不易弄脏。

俯视

身体的毛发需要使用5～7毫米的推子剃短，这是关键。将臀部以外的其他部位的毛剃短，更能强调臀部的毛量。

后面

把臀部修剪得圆圆的，就像南瓜短裤一样。留长的毛发要耐心梳理，这样它的造型才能保持长久。

● 修剪赞助/Figoo

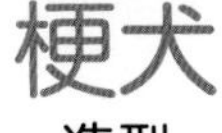

梗犬造型

留起胡子，类似梗犬的造型。这种造型的关键是将脸的侧面修剪出轮廓，剪出胡子和眉毛。这是一种绅士且幽默的造型。

适合的类型

此造型会突显狗狗的身体线条，因此建议背部线条笔直、肌肉体质、耳朵位置高的狗狗尝试。白色毛或毛量少的狗狗在修剪时，最好不要将毛的长度剪到3毫米以下，以免露出皮肤。

侧面

梗犬造型的一大特点就是脚部毛量充足，就像穿着喇叭裤似的。尾巴上的毛剪得短一些更有梗犬风格。

俯视

用推子剃掉身体的毛，使身体的线条清楚地展现出来，这是该造型的特点。除了腿部，其他部位的毛都很短，所以更适合夏天修剪。

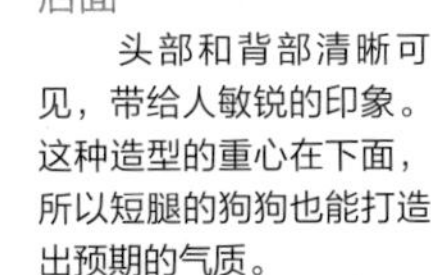

后面

头部和背部清晰可见，带给人敏锐的印象。这种造型的重心在下面，所以短腿的狗狗也能打造出预期的气质。

● 修剪赞助/千叶爱犬动物花学园

头发造型集

用喜欢的头饰给狗狗打造时尚的发型

基本造型

给狗狗修剪出额头，并与耳朵的毛发衔接，达到圆圆的、蓬松的效果。嘴巴周围毛剪短，使爱犬的五官清晰可见。

狗狗毛发留长以后，最大的乐趣就是给它设计发型，当带它外出或想改变风格时最适合不过了。去宠物美容院咨询设计发型的方法吧。假发、发带、发夹等，设计发型用的物品各种各样。用成人（小孩）的发饰也可以。给爱犬设计发型不需要高难技巧，所以选择自己喜欢的发饰尽情享受其中的乐趣吧。

喀秋莎造型

淘气的雄贵宾也适合！

- 需要准备的物品
  狗狗用橡皮筋
  发夹

先准备好橡皮筋和发卡。为了使造型更抢眼，可以准备五颜六色的发饰，同时更能打造出淘气小男生或者活泼小女孩的气质。不同毛色适合的发饰颜色也不同，建议毛色深的配柔和色系的发饰，毛色浅的配原色系的发饰。

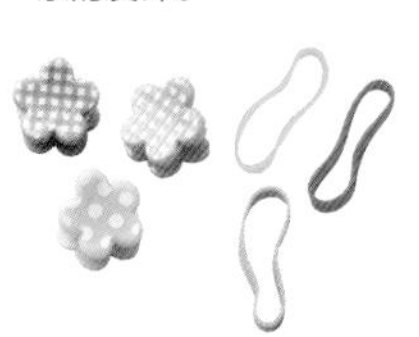

※注意不要把橡皮筋绑得太紧。

将额头上方的毛发分成3股，分别用彩色的皮筋固定住，用力拨弄也不会乱。带上发夹，调整一下完成喽！

因为是用橡皮筋固定，所以活泼的狗狗也可以。

主人何不自己享受设计发型的乐趣，同时把爱犬打扮得非常时尚呢？
来挑战一下简单又可爱的狗狗发型吧。

无敌可爱 造型

蝴蝶结是少女的向往

● 需要准备的物品
狗狗用橡皮筋
带蝴蝶结的皮筋

准备好狗狗用的橡皮筋，蝴蝶结之类的发饰越大越显得可爱，用人类的发饰也可以。发饰的颜色选择上，白色系贵宾什么颜色都适合，黑色系贵宾适合柔和色的，红色系贵宾适合红色或粉色。

大个的发饰更抢眼、更可爱

将头顶的毛发用皮筋扎成一束，再扎上发饰。然后将扎起来的毛发展开成扇形，跟周围的毛发衔接到一起。

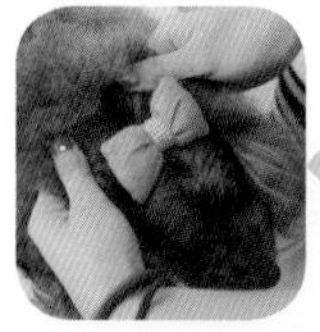

彩色接发 造型

时尚感十足，好酷！

● 需要准备的物品
狗狗用橡皮筋
马海毛的毛线

准备好狗狗用的橡皮筋，毛线最好使用1厘米粗的马海毛毛线。毛线的长度要和耳朵毛发的长度齐平，所以这款发型适合毛发长的狗狗梳。狗狗的毛色以及毛线的颜色可以随意搭配，不过使用原色系毛线能让狗狗看起来更加帅气。

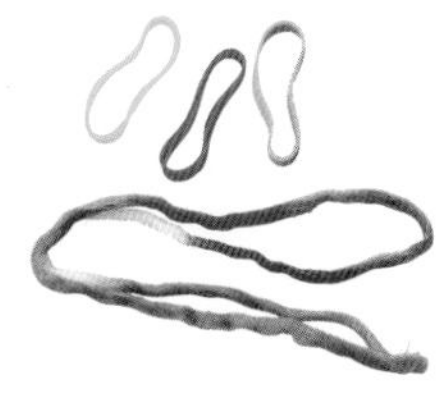

把毛线梳理蓬松些，更能彰显野性魅力。

将毛线剪成狗狗耳朵毛发长度的2倍，可以对折或跟耳朵的毛编成三股辫，编5下后就可以用皮筋固定了。用梳子梳理毛线，制造出蓬松感。

关于易脏部位的护理

首先了解一下狗狗的哪些部位容易沾上灰尘或毛球。

只要平时养成护理的好习惯，就能更好地帮狗狗保持清洁。

刷毛和……

护理前

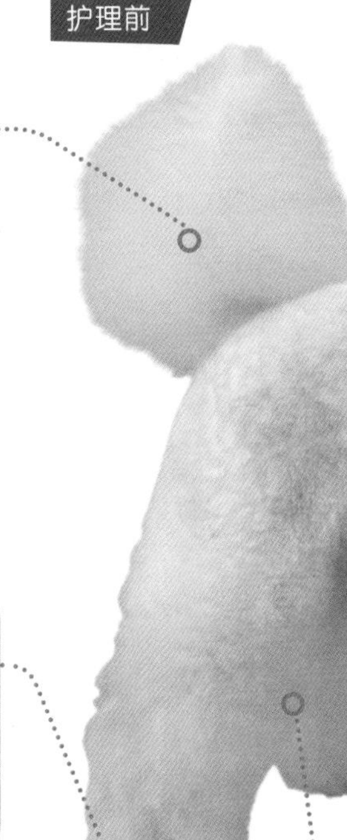

臀部周围的护理用湿纸巾很方便

狗狗的臀部周围有时会沾上便便，而且它的尿液有时会弄脏大腿内侧、肚子或前足后部。因此，一定要养成排泄后、散步后用湿纸巾轻轻擦拭的好习惯。湿纸巾最好选用无害、抗菌、即便狗狗舔到也不必担心的产品。

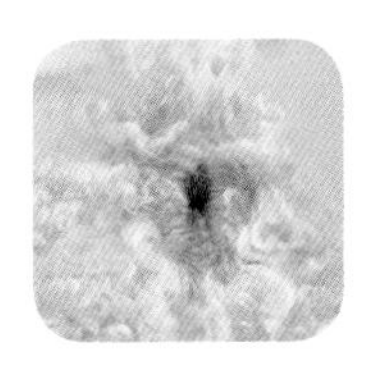

● 需要准备的物品
湿纸巾

选择具有抗菌、保湿功能的护理霜

带狗狗散步回来后它的脚底可能会沾上垃圾，因此护理时一定要检查肉垫的缝隙。然后，用湿毛巾（或湿纸巾）进行擦拭，擦拭完涂抹上具有抗菌、保湿功能的肉垫护理霜。

● 需要准备的物品：
毛巾、肉垫护理霜

打结的毛发用手解开后再梳理

容易打结的地方有脚部、腋下、耳后等部位。护理时，用手指将打结的地方解开很重要。两手捏住毛球，轻轻地左右拉拽，反复几次后毛球就会解开。解开后，用针梳轻轻梳理。

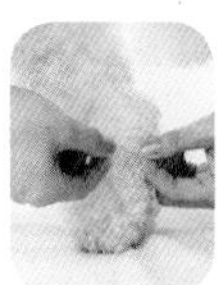

● 需要准备的物品：
针梳

只要每天护理，一定会让狗狗焕然一新！

饲养贵宾犬时应注意，应避免它的卷毛沾上灰尘或毛球等，此外，眼泪、口水等还会导致它脸部周围的毛变色。与其注意到狗狗身上的污垢后才开始清理，不如每天做护理，这样更有助于保持清洁。熟练的护理方法能够将爱犬打造十分漂亮，带给人焕然一新的感觉！

建议部分清洗

洗的部位虽少但一定要吹干

当狗狗身体很脏但还没到需全身清洗的地步时，建议部分清洗。只需清洗脚部、臀部等脏的部位，狗狗立即变得十分干净。虽然只是清洗某一部位，但是一定要用吹风机吹干！

如果是小型贵宾犬，把它抱在怀里带到洗脸池清洗也可以。

脸部周围使用精油护理

● 需要准备的物品：精油、泪痕清洗液、棉纸

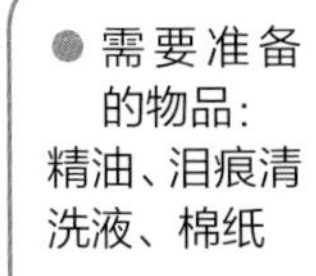

将稀释后的精油或泪痕清洗液喷在棉纸上，使棉纸湿润。水容易滋生杂菌，因此不建议使用。用湿润的棉纸擦拭泪痕或口水痕迹等部位。

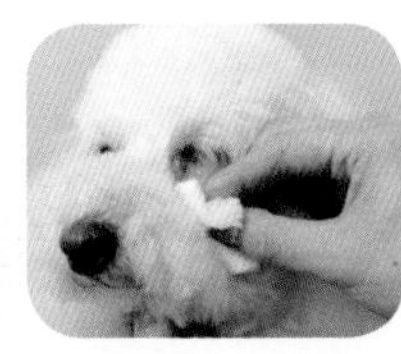

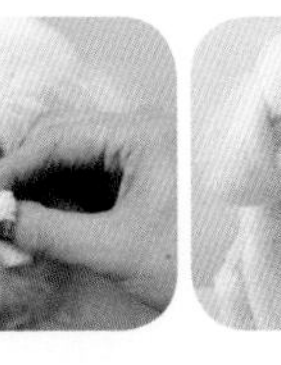

关于刷毛护理

保持皮肤的清洁就是在预防皮肤疾病。

掌握刷子的使用方法和技巧，在家里给狗狗做护理吧。

刷毛时要养成分部位梳理的习惯

毛发打结成毛球后，变得易沾染污垢或垃圾，因此要养成每天刷毛的好习惯。卷毛的梳理看起很难，但只要选对了刷子、掌握了梳理的技巧，就能很熟练地完成。刷毛时要分部位进行，但同时不要忘了各个部位连接处也要梳理。为了让狗狗放松，刷毛时要一边跟它交谈一边进行。

刷毛的基本

掌握了技巧，刷毛护理会更熟练

梳理时声音的变化就是完成的信号

用针梳梳理，当梳理的声音由“呲呲”变成“飒飒”时，说明毛发已经顺了。然后用排梳进行梳理就可以了。

用蒸过的毛巾使毛发上的污垢浮出来

在污垢特别明显的情况下，可以用蒸过的毛巾将狗狗整个裹住，使污垢或气味浮出来。

注意！

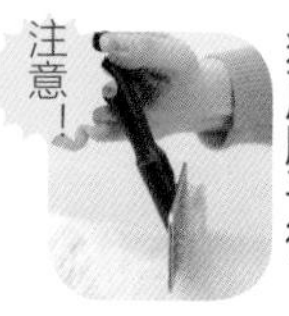

针梳未跟狗皮肤平行

用排梳强行梳理

梳理时力度的强弱或使用方法错误会弄伤狗狗的皮肤，还会让狗狗对护理产生抵触心理，因此一定要掌握梳理工具的正确使用方法。

➡ 各种刷子的特征和使用方法

针梳

是指梳齿为细针状的梳子。梳齿的硬度有软硬之分，建议给尚未习惯刷毛的狗狗使用软齿针梳。

●使用方法

刷毛时主要使用的刷子。握法要像拿乒乓球拍一样，操作时应保持刷子和狗狗皮肤平行。

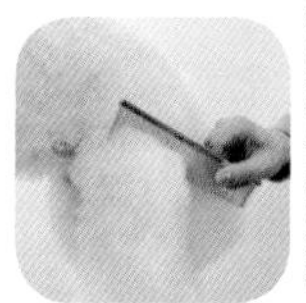

排梳

不锈钢材质的排梳能够保持清洁，给狗狗刷毛时再合适不过。最好选择疏密双齿的，这样可以根据毛量、部位的不同分开使用，十分便利。

●使用方法

刷毛的最后阶段使用的刷子。用针梳除掉脱毛以后，为确认是否还有残留毛球时使用。

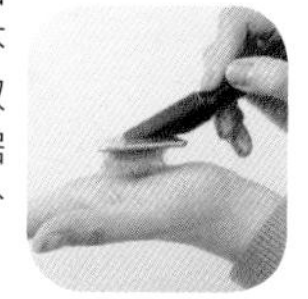

刷毛的方法

● 需要准备的物品
各种类型的刷子

拜托不要急，要温柔一点哦！

脸部和颈部周围

抓住下巴，固定住脸部

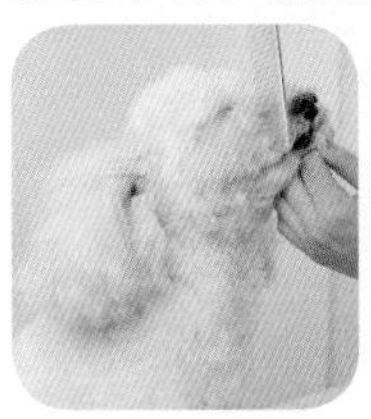

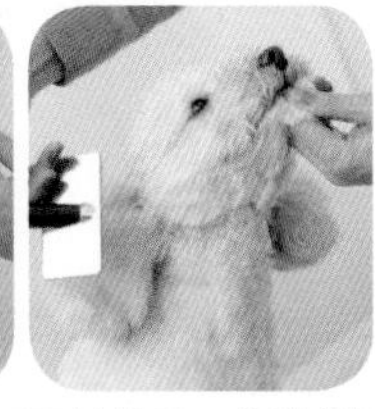

轻轻抓住狗狗下巴处的毛，使脸部固定后再开始刷毛。颈部使用针梳，而为了避免弄伤眼睛、鼻子，脸部要使用排梳。

耳朵周围

内侧的毛也要梳理哦

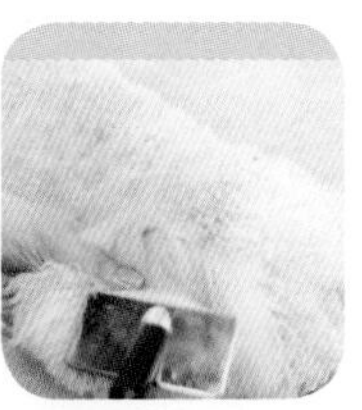

贵宾犬耳朵内侧的毛也在不断生长。梳理完耳朵外侧的毛之后，抬起耳朵将其内侧的毛也梳理一下哦。而耳朵内部的护理，则需要拜托美容师进行。

肚子周围

毛发容易打结的腋下部位也要照顾到

刷毛时应抬起狗狗的前足，使其后足站立。如果担心狗狗的关节承受不了，四只脚站立的状态也OK。对于容易打结的腋下部位，该处的毛应向各个方向梳理。

背部周围

面积大，梳理要细心

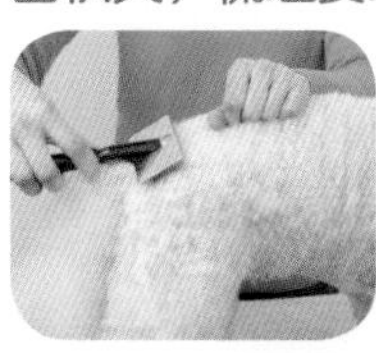

为了将背部的脱毛都清除干净，需要横竖刷毛。最后一个步骤时，则需顺着毛的方向梳理。

臀部周围

敏感部位，刷毛时需注意

狗狗的臀部周围属于敏感部位，为了避免刷子弄伤臀部，需用手轻轻捂住臀部进行保护。刷子应稍微朝下，梳毛时呈放射状。

脚部周围

最容易起毛球的部位

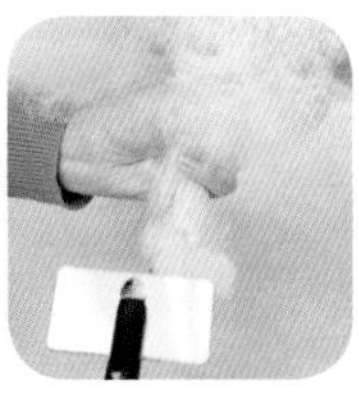

脚部是毛发最容易打结形成毛球的部位。刷毛时需将狗狗的脚抬起，轻轻地从上刷到下，大腿内侧的毛也别忘了梳理哦。

关于洗澡

当狗狗尽情玩耍弄得满身泥土时，建议在自家给狗狗进行短时间洗澡。先掌握一下技巧吧。

洗澡的频率应保持在1个月1次的程度

给狗狗洗澡的频率保持在一个月一次就足够了。因为狗狗的皮肤比较敏感，洗得过勤会给它的皮肤带来损伤。如果定期带狗狗去美容院，可以拜托美容师给它洗澡。不过，当狗狗在公园或遛狗公园里尽情玩耍后，一般会弄得满身泥土，这种情况下可以在家中给它进行短时间洗澡，使其清洁如初。

洗澡之前

刷毛这一准备工作不仅可以缩短洗澡的时间，还能使洗澡的效果变更好。

首先参考“关于刷毛护理”一节（P112），用蒸过的毛巾裹住狗狗，使其毛发里的污垢浮出来，然后仔细梳理。在准备工作中将打结的毛发解开将大幅度缩短洗澡所用的时间。

『挤压肛门腺』是什么？

通过日常护理来预防疾病

肛门囊是指位于肛门左右两侧的腺体，腺囊内残留的分泌物长期积累未及时排出的话，就会出现囊肿、疼痛等症状，甚至会引发肛门囊炎。当狗狗舔肛门时，就是在发出肛门腺被堵住的信号。挤压肛门腺最好一个月一次，跟洗澡一起进行最合适。

用手轻轻按摩肛门，然后将拇指和食指分别放在位于肛门下方4点钟和8点钟方向的肛门腺处，从下往上推，将残留物挤压出来。

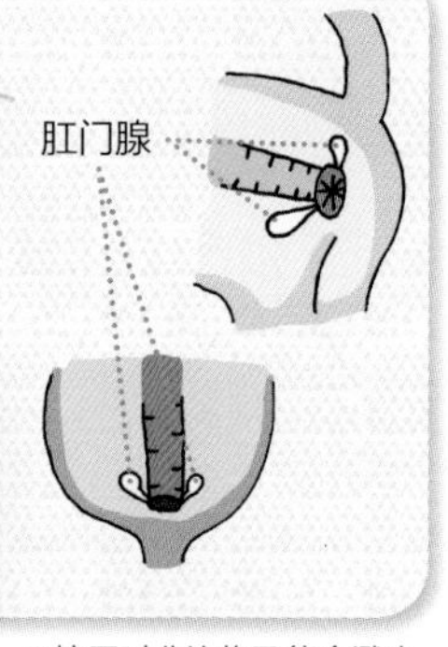

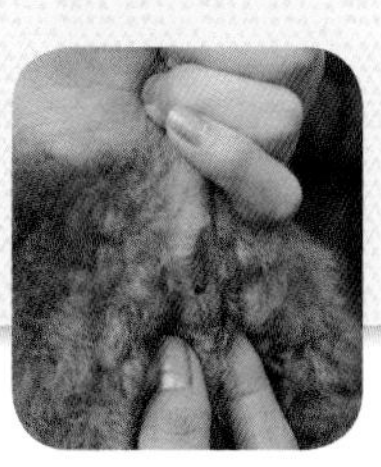

※挤压时分泌物可能会溅出来，所以请事先用纸巾捂住。

洗澡的流程

- 需要准备的物品/香波、毛巾、吹风机、针梳

①用热水从臀部开始润湿狗狗

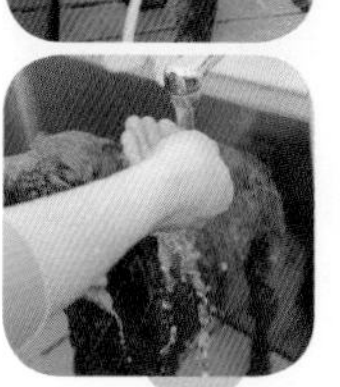

将水温调节到35°左右。先将喷头放在远离心脏的臀部，然后朝着头部的方向一点点移动，润湿身体。如果事先挤压过肛门腺的话，那么从臀部开始润湿狗狗的操作会很顺畅。如果你家狗狗害怕淋浴，可以用手接水龙头的水来弄湿狗狗。

②把沐浴露揉出沫，仔细清洗

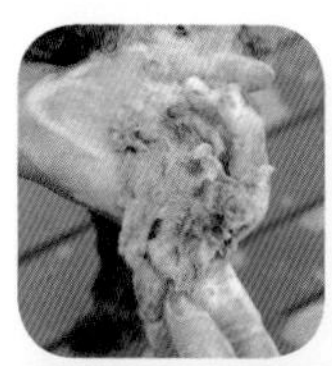

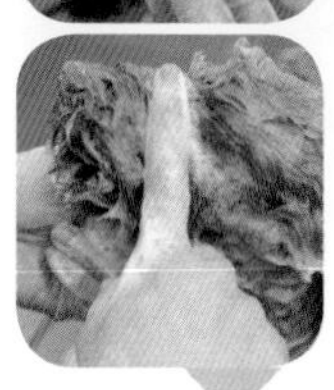

首先将沐浴露倒进塑料瓶里，加水稀释。为了缩短洗澡时间，建议使用含有护理素的沐浴露。将沐浴露倒在狗狗的背部，从其臀部开始仔细揉搓至起沫。对于易脏的脚和眼睛下面等部位，可以用手指仔细揉搓。

③从头部至臀部进行冲洗

打开淋浴喷头，从头部开始朝着臀部的位置将沐浴露冲洗干净。对于害怕淋浴的狗狗，主人可以用手接水进行冲洗。脸部周围请用手接水轻轻冲洗。当肚子下面的平滑感消失后，冲洗就算完毕了。

④轻轻擦拭，除去水汽

毛发长的部位先用手轻轻拧干，然后用大毛巾包裹住狗狗整个身体进行擦拭。别忘了擦耳朵里面哦。

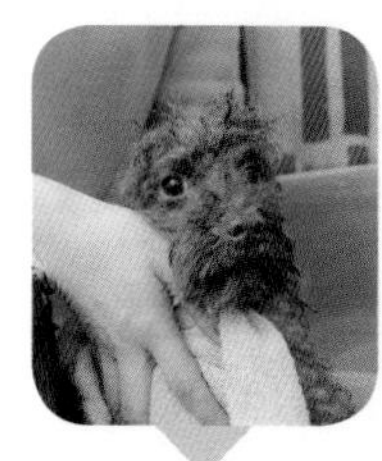

⑤用吹风机吹干

开始时使用强力暖风从上往下吹，这样的话水珠不会滴下来。为了避免狗狗的皮肤被吹得过热，吹风机应与它保持20厘米的距离。吹干的同时，按照背部、身体、后足、前足、脸部的顺序用针梳拉毛，最后阶段用排梳来确认效果。

小要点

未全干的状态

全干的状态

当毛发变得笔直后，吹干工作就完成了！

洗澡步骤中，最后的吹干环节很重要。将吹风机靠近狗狗，如果毛发笔直，说明吹干工作完成了。未全干时，狗狗的毛发会处于卷曲状态。

脚部和指甲的护理

对于脚部这一狗狗不喜欢别人碰触的部位的护理，要注意不要勉强进行，要一点点练习。

对于狗狗不喜欢别人碰触的脚部周围的护理……

散步回来后触摸狗狗脚部时，或者想修剪指甲时，有些狗狗会吼叫、乱闹，甚至会咬人。然而，如果脚部的护理怠慢了的话，长长的指甲容易勾住地毯、脚底的毛会使狗狗在地板上滑倒从而导致受伤。因此，务必要让狗狗在幼犬阶段就适应脚部周围的护理。

擦脚

每天散步回来都要擦拭，所以一定要学会。

擦脚的方法

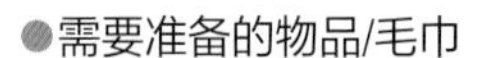

●需要准备的物品/毛巾

●**擦脚前**

注意毛巾的大小！

为了避免狗狗乱动，擦拭用的毛巾应选择叠起来后能握在手里的尺寸。

抱住狗狗

抱住狗狗，使它的四条腿自然下垂，让它处于不易活动的状态。

① 擦拭后足

将迷你毛巾握在手掌，竖着抱起狗狗。将其后足放在拿有毛巾的手掌上，然后轻轻擦拭。

② 马上表扬它并给它零食

擦完一只脚以后，立即表扬它并给它零食吃。让狗狗知道，乖乖接受擦脚就会有好处。

③ 前足也采取同样的方法

擦拭前足时，稍向前倾斜地抱起狗狗。控制住狗狗前足的根部，使其腋下处于伸展状态，这样更方便擦拭。

剪指甲

如果主人表现战战兢兢，这种感觉也会被狗狗敏感地察觉到，从而产生讨厌剪指甲的情绪。

采取每天剪一个指甲的做法，不勉强狗狗，慢慢地进行吧。

● 擦脚前

担心的话可以事先准备好止血剂

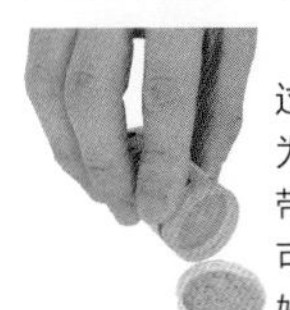

指甲剪得过短会出血，为了避免出血带来的惊慌，可以事先准备好止血剂。

抚摸脚部的练习是必须的

如果狗狗不让人抚摸它的脚部，那么剪指甲就不可能完成。所以首先要进行抚摸脚部的练习。

[狗狗指甲的结构]

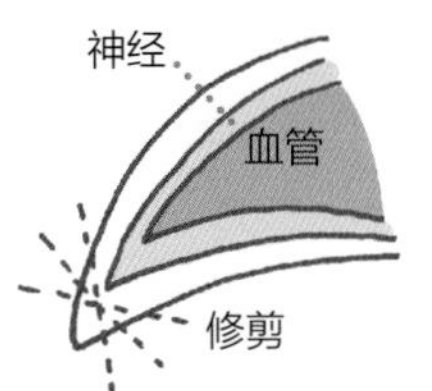

不修剪指甲任其生长的话，指甲内的血液流经的位置（被称为活肉）也会变长。经常剪指甲使得指甲活肉部位也变短，从而减少流血现象。

➡ 剪指甲的方法

● 需要准备的物品：
指甲刀、止血剂、零食奖励

① 养成一边吃零食一边剪指甲的习惯

一边喂狗狗零食一边触摸它的脚部，一边给它看零食一边给它看指甲刀。如果它很冷静，就把指甲刀放在脚趾的位置，让它慢慢适应。

② 先从后足的指甲开始吧

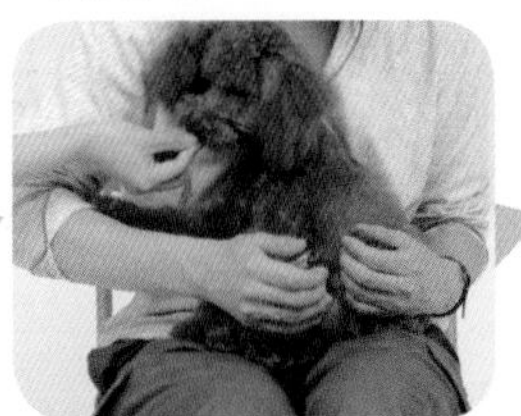

可能的话找一个帮手，让他拿着零食奖励。趁狗狗吃零食的时候，剪掉它后足的一枚指甲。注意当狗狗反抗时就要停下来。

③ 前足也采取同样的修剪方法

剪掉一枚指甲后，表扬狗狗、让它玩耍，然后耐心地一点点剪完后足的指甲。前足也采取同样的修剪方法。

小要点

首次剪指甲时，两个人合作更能顺利完成

护理时，需要用零食或玩具吸引住狗狗的注意力，如果有家人或朋友在一旁帮忙，护理将会非常顺利。

体力发散后是进行护理的绝好时机

想在散步前给好玩的狗狗做护理实在太难了，建议护理最好在狗狗散步后或玩耍后体力得到消耗的状态下进行。

坐着做护理时注意保持一个稳定的坐姿

当主人坐在椅子上时，如果大腿与地板保持平行，狗狗的身体也会很稳定。因此可以将书或木材等物体放在脚下，用来调整腿部的高度。

耳朵和眼睛的护理

耳朵和眼睛的护理对于贵宾犬来说是必不可少的。通过精细的护理来维持爱犬的健康吧。

清洗耳朵过于频繁容易引起外耳炎

贵宾犬是垂耳，耳朵里面容易残留污垢，因此需要定期进行清理。当耳朵里面有异味和耳垢、耳内有黏乎乎发黑的东西、有炎症、长了东西或肿大、狗狗总是摇头，这些情况下应带狗狗到宠物医院接受诊察。此外，清洗耳朵过于频繁会损伤耳内皮肤，从而导致外耳炎，因此清洗耳朵的频率最好保持在2～3周一次的程度。同时，贵宾犬耳朵内侧的毛也会生长，建议定期去宠物医院或美容院进行耳朵内侧毛的护理。

耳朵清洗

进行耳部清洁时需要将某种专用的液体倒进狗狗的耳朵，但大多数狗狗不喜欢这种方法。这里给大家介绍一种不用将液体直接倒进耳朵的方法。

● 进行耳朵清洁前

首先让狗狗习惯别人抚摸它的耳朵。一边用零食吸引狗狗，一边轻轻抚摸它的耳朵，让它慢慢习惯别人翻它的耳朵。

① 让狗狗习惯自己的耳朵被抚摸

② 让狗狗习惯自己的耳朵被翻过来

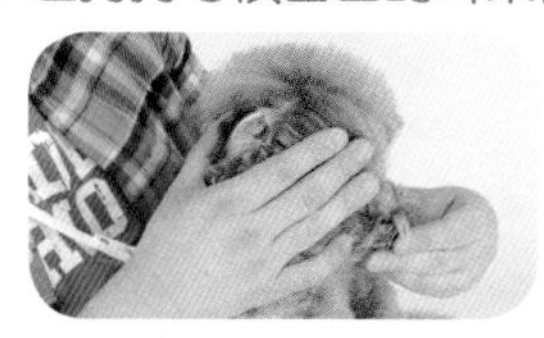

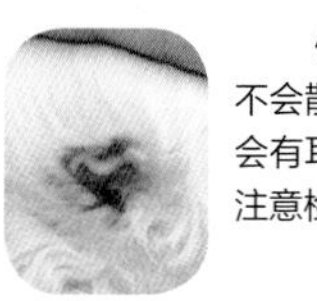

健康的耳道不会散发异味也不会有耳垢，平时要注意检查哦。

[狗狗耳朵的结构]

清洗耳朵时，因为外耳道（连接鼓膜和外界的管道）呈直角，所以不用担心弄伤鼓膜。但如果狗狗不喜欢清洗耳朵，而主人不顾它的反抗强行进行的话，很有可能在它乱动的时候弄伤耳内皮肤，因此一定要注意。

清洁耳朵的方法

● 需要准备的物品：
棉纸、市场上销售的洗耳水

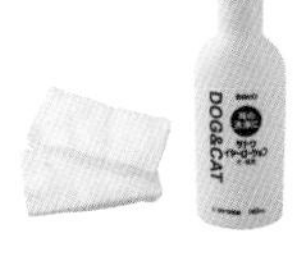

① 让狗狗习惯棉纸的触感

首先用干燥的棉纸抚摸狗狗的耳朵，让它习惯棉纸的触感。

② 使用洗耳水

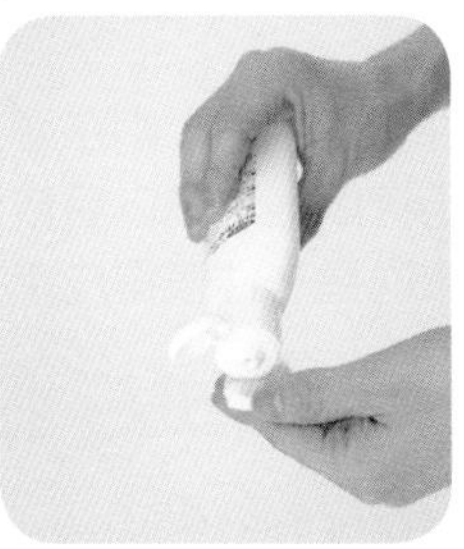

将沾有洗耳水的棉纸放到狗狗的耳朵里，使洗耳水完全渗透到狗狗的耳朵里。

③ 轻轻按揉耳朵

将棉纸放入耳朵后，轻轻按揉耳朵。用力擦拭耳朵内部会损伤皮肤，因此一定要注意。

④ 使耳垢脱落

不要擦拭耳垢，而要利用洗耳水使耳垢脱落再清理。可以视耳内污垢的程度具体操作。

⑤ 用干棉纸擦拭

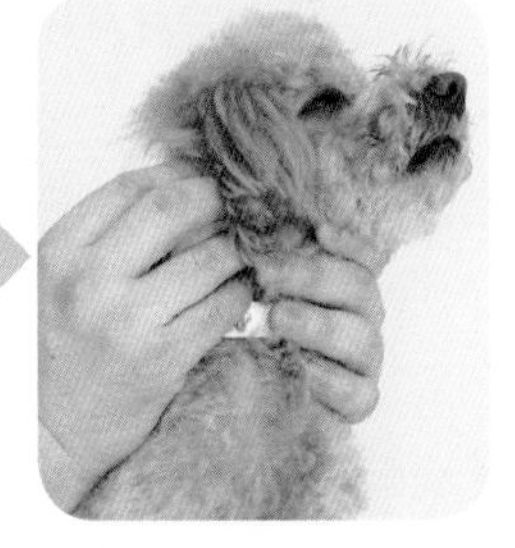

最后一步，使用干棉纸轻轻擦拭耳朵。

眼屎

眼屎可以说是狗狗健康的晴雨表。当狗狗眼屎较多时，应经常帮它擦拭掉。

眼屎的护理方法

● 需要准备的物品：棉纸、温水、市场上销售的狗狗用滴眼液等

眼屎放任不管会导致泪痕的形成

当狗狗眼部出现眼屎时，需用沾有温水的纱布或棉签等轻轻擦拭掉。如果放任不管，任由眼屎变干，就会形成泪痕（容易滋生杂菌、可能还会引起感染），所以平时一定要经常擦拭。当眼屎颜色呈黄色或绿色，或者眼屎格外多时，需要带狗狗去宠物医院咨询。

关于狗狗的牙齿，你应该了解的事项

对狗狗来说，咬东西、啃东西是它最大的快乐。维持牙齿健康，老了以后依然能够正常吃东西对狗狗来说是一件值得庆幸的事。

爱犬口腔出现异味时，很有可能是患了牙周病

现在的狗狗，3岁以上的成犬中大约有80%患有牙周病。造成这一现象的原因大致可以归纳为以下几点：狗狗开始摄入黏着性较高的食物、生活充满压力、伴随狗狗寿命延长而发生的牙垢、牙石附着力增强等。

当爱犬口腔出现异味或者牙龈出血时，很多情况下主人会以为那只是单纯的身体状况不佳，但实际上爱犬可能患上了严重的口腔疾病，因此发现异常后一定要立即前往宠物医院诊治。

牙周病恶化后，不仅会造成牙齿脱落，还会导致上下颚易骨折，甚至引发内脏疾病等，这些都会缩短狗狗的寿命。因此，一定要在幼犬阶段给狗狗养成刷牙的好习惯，或者擅用牙齿护理产品等，做好牙齿的护理工作。

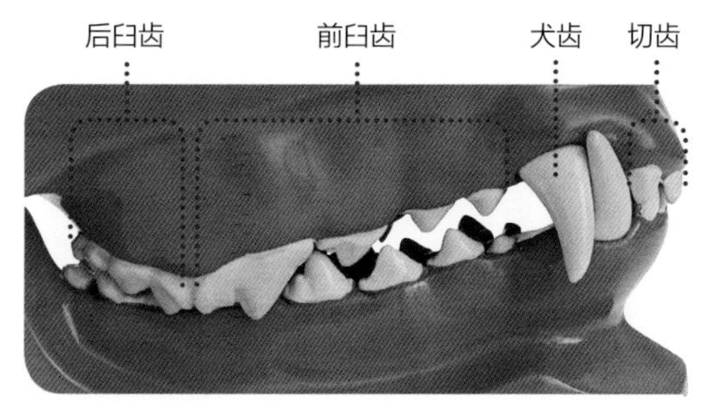

[狗狗牙齿结构]

狗狗有42颗牙齿（乳牙28颗）。由12颗切齿， 4颗犬齿，16颗前臼齿，10颗后臼齿构成。用来咬断食物的是上颚第4颗臼齿和下颚第1颗后臼齿，对狗狗来说，这两个位置是最易患牙周病的部位。

最希望留住的是裂肉齿

剪刀形的咬合方式是狗狗牙齿的特征

人类吃东西时，先用门牙咬断食物，然后用槽牙嚼碎后咽下。而狗狗则是用切齿和犬齿叼住食物后咬断，不用臼齿嚼碎而是直接咽下。上颚左右两侧的第4颗前臼齿和下颚左右两侧的第1颗后臼齿被称为“裂肉齿”，在狗狗进食时发挥着重要作用。

[狗狗牙齿的结构]

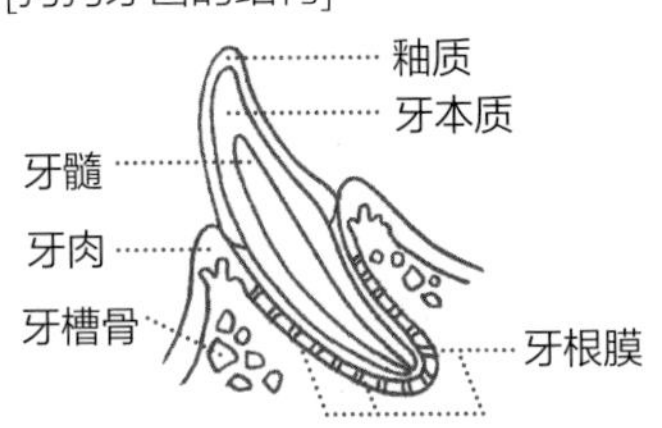

裂肉齿的位置

发周病的发展

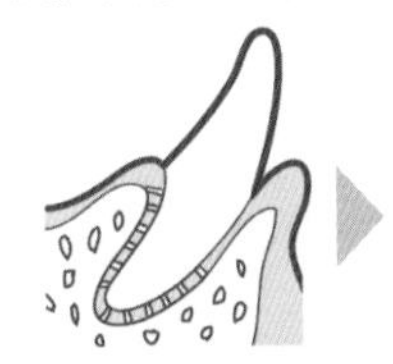

健康状态的牙齿。在牙齿周围的牙肉、牙根膜、牙槽骨的作用下，牙齿很坚固。

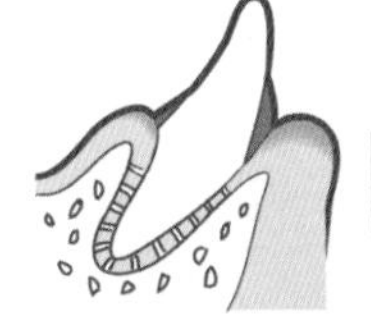

牙垢附着在牙齿周围。最终牙垢会发展成牙石，从而导致牙肉出现炎症。

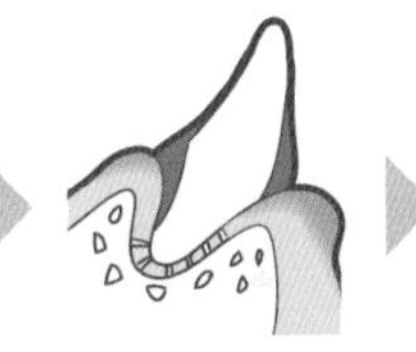

牙垢中的细菌致使牙肉肿胀，牙和牙龈之间残留的牙垢或牙石会导致牙肉衰退。

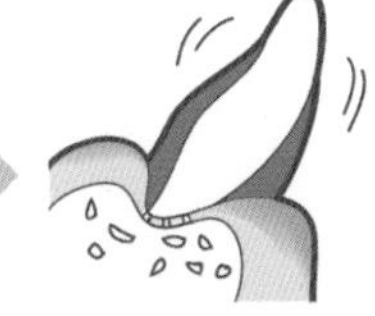

最终，不仅牙肉衰退，牙根膜和牙槽骨也会溶解，直至牙齿脱落。

除牙周病以外，折损齿和磨损齿问题也要注意

为了保持狗狗牙齿健康，除牙周病以外，还有一些其他需要注意的问题。例如，作为奖励给狗狗吃的牛蹄或硬的玩具会导致牙齿折断，网球或足球等玩得时间过久会将牙齿磨损。牙齿折损或磨损后，牙神经会外露，为细菌侵入带来了机会，从而会引发炎症。此外，牙神经外露还会伴随疼痛，导致狗狗在喝水时产生痛感。即便棉布之类柔软的东西，几小时咬个不停也会导致牙齿磨损，因此需要格外注意。

刷牙

幼犬阶段养成正确的刷牙习惯将有效预防牙周病。请务必掌握好刷牙方法并进行实践。

关注口臭和唾液变色状况

没有口腔疾病的健康狗狗，几乎没有口臭。因此当爱犬口臭变严重，或者唾液有血呈红色或者呈浑浊的白色时，应立即带它去宠物医院接受治疗。平时给爱犬刷牙时要多留意，最好养成检查口腔内部健康的好习惯。

牙齿护理的商品各种各样！

市场上销售着各种各样的牙齿护理商品，请选择适合爱犬而且操作方便的商品吧。

使用纱布之类的制作而成的刷牙用品。

建议使用儿童牙刷给狗狗刷牙。

宠物医院有售的刷牙棒。

带有狗狗喜欢的味道或风味的宠物牙膏。

指套牙刷使用起来也很方便。

可以咬、拉扯的玩耍用刷牙玩具。

● 刷牙前

首先要让狗狗习惯别人触摸它的嘴，以及允许别人将手指放进它的嘴里。

① 习惯别人触摸它的嘴

触摸狗狗的嘴，如果它表现出不喜欢就给它奖励，如此让它慢慢习惯别人触摸它的嘴。

② 轻轻固定住它的下巴

当狗狗习惯了①的操作后，将手放在它的下巴底下，保持头部固定，另一只手抚摸它的唇部。

③ 试着摸它的牙齿

稍微触摸一下它的牙齿，然后抚摸脸部或身体的其他部位，如此反复。让它习惯嘴巴里面的触摸。

④ 触摸到牙齿后立即奖励它零食

首先要让狗狗接受别人触摸它的牙齿，因此触摸后请立即奖励它零食。

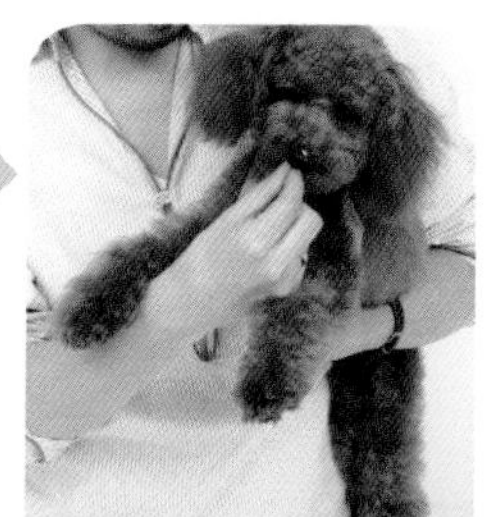

小要点

掌握住爱犬哪个部位容易附着牙垢

狗狗牙齿的生长方式和咬合方式等都是有特点的，可以在去宠物医院就诊时向兽医咨询爱犬牙齿的哪些部位容易附着牙垢。

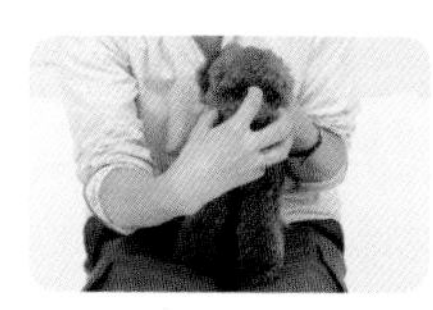

刷牙时，千万不要用力抓住狗狗的口鼻部！

为了固定住嘴巴而用力抓住狗狗的口鼻部，或者强行撬开狗狗的嘴巴，这些行为都会让狗狗变得讨厌别人触摸自己的嘴巴，因此一定要杜绝。

刷牙的方法

（使用纱布等）

● 需要准备的物品：

纱布或纱布状的刷牙用具、狗狗喜欢的零食、市场上销售的宠物牙膏等。

① 首先把纱布拿给狗狗看

首先把纱布拿给狗狗看，让它嗅道并习惯纱布。为了防止狗狗拉扯纱布，请将纱布叠成小块。

② 用裹着纱布的手指刷牙

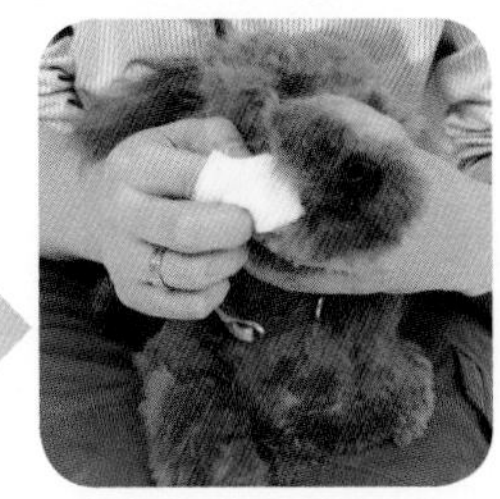

将涂有牙膏的纱布裹在手指上，放在牙齿和牙周处轻轻刷。刷一会儿奖励它一点零食再接着刷，要想办法不让狗狗感到厌烦。

（使用牙刷等）

● 需要准备的物品：

狗狗喜欢的零食、市场上销售的宠物牙膏、儿童牙刷或指套牙刷等。

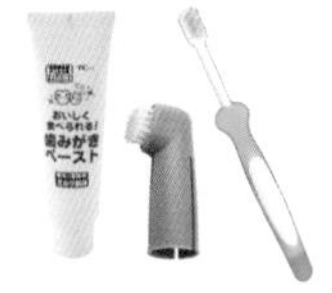

① 把牙刷拿给狗狗看

当狗狗习惯了用纱布刷牙后，就可以改用牙刷了。首先把牙刷拿给狗狗看，注意只是确认不是给它当玩具。

② 用牙刷慢慢刷牙

当狗狗习惯了将牙刷放进嘴里后，就可以用涂有牙膏的牙刷给它刷牙了。刷一会儿奖励它一点零食，让它慢慢习惯。

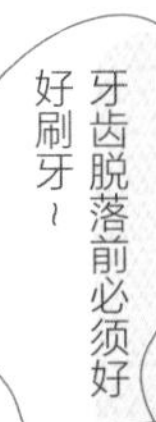

图为牙周病恶化后脱落的牙齿。为了维持爱犬的牙齿健康，请每天坚持刷牙。

刷牙的习惯一定要从幼犬阶段就养成！

贵宾犬是口腔内易滋生细菌的体质，早的话2岁左右就会发展成牙周病。因此，要给狗狗养成定期刷牙的好习惯，同时要注意，刷牙时对于易附着牙垢的犬齿和臼齿应刷得仔细些。此外，如果乳牙未脱落，牙垢极易附着在乳牙上，因此需在咨询兽医的情况下仔细刷牙齿的缝隙部位。使劲刷牙会损伤牙肉，因此请轻轻地刷牙齿的表面来除去污垢吧。为了让狗狗享受刷牙的时间，主人要想一些办法哦。

专栏

预防污垢的措施也很重要

对于长耳毛造型的狗狗，吃饭时它的毛容易进到餐具里。这种情况下建议巧用绑得不紧的皮筋或束发带。

在不限制爱犬生活的前提下采取措施吧

贵宾犬属于少有体臭和脱毛问题的犬种。然而，它那卷卷的毛发极易起球，从而容易沾上灰尘等污垢。此外，各式各样的修剪造型导致贵宾犬的嘴角、耳朵、脚等部位容易变脏，因此为了保持清洁，每天的悉心护理必不可少。

不过，一些适当的污垢预防措施可以使每天的护理工作变得轻松一些。首先，需要观察爱犬的日常生活，确认哪些环节容易沾上污垢。然后，护理时检查爱犬全身的状态。掌握了易沾染污垢的环节和部位后，就可以开始采取预防措施了。例如，狗狗进食时耳朵的毛会进入餐具里的话，可以将耳朵的毛绑在头上，或者用束发带盖住耳朵，采取类似的措施防止耳毛被弄脏。又如，散步时枯叶会粘在狗狗身上的话，可以带狗狗去草坪较多的公园散步。刚开始你可能是有意识地在做这些预防措施，但时间久了就会养成习惯。

然而，为了预防污垢而过分地限制狗狗的生活是万万不可取的。例如，怕脏就不让狗狗在地上走或者不带它去散步，这些做法一定要避免。大多数的贵宾犬都非常活泼，满足它“想运动”的欲求将有利于它的身心健康。生活行为被限制的话，将对狗狗的健康产生不良影响。主人的“弄脏了也没关系，过后护理干净就好了”这种宽容心也十分重要。

此外，仅靠家中自己做护理有时很难保持狗狗的清洁，因此最好1个月去1次宠物美容院给狗狗洗澡或修剪。

观察狗狗的日常生活，掌握它哪些部位容易沾染污垢，护理时重点对待。

关心狗狗的疾病和健康问题

狗狗的健康管理是主人的责任。疾病要早发现、早治疗，让狗狗健康、长寿地生活下去吧。

宠物医院的选择方法和就诊方法

选择一家能够将爱犬放心托付治疗的宠物医院吧。

为了避免主人因爱犬的疾病或伤病而焦躁，一些就诊要点需要事先了解。

为了避免狗狗在就诊室乱动，平时应养成允许别人抱之类的习惯。

选择一家适合主人和爱犬的宠物医院吧

即便狗狗很健康，但因需要接种狂犬病预防疫苗、混合疫苗、开驱虫药处方等，每年必须要去几次宠物医院。因此，选择一家疾病、伤病都信得过的宠物医院吧。

首先医院内部要整洁，医疗设施完备；宠物医生能将爱犬的健康状态、症状和治疗方法等跟主人说明清楚；对于主人关心的问题，医生能够设身处地地提出建议；治疗或手术可以放心地交给医院，如果是医院治疗不了的疾病，他们可以给主人介绍其他专家。大体上需要考虑这些方面。此外，不同的宠物医院，治疗费、治疗方法、处方药等也不尽相同，请将这些也列入考虑的范畴。同时还要考虑家到医院的距离、主人与宠物医生是否聊得来等因素。为了选择一家适合主人和爱犬的宠物医院，主人自己做判断很重要。可以先在网上搜索附近的医院，然后通过电话来确认实际情况跟自己的想象是否一致。

就诊时应传达的信息

何时发作、何种状态

对于发现爱犬身体状态不好的契机和状态，应详细向医生说明。发觉“跟往常不一样”时，其实很有可能潜藏着某些疾病或伤病。

就诊时应携带的物品

便便或呕吐物等都要携带

怕遗忘而用来记录狗狗状态不佳的契机或状态的笔记本、就诊时作为判断材料的当天排泄物或呕吐物等，都要带上。

进入有很多动物的等候室时，为了避免它们之间发生冲突，要将爱犬放进便携箱或便携包里。

出现以下现象时，请带狗狗去宠物医院就诊

狗狗的动作和行为能够表达出身体的不适。当发现狗狗“和往常不一样”时，需要去医院就诊。带狗狗去宠物医院时，有些注意事项需要确认。

呕吐

起因多种多样

呕吐是非常危险的信号。不仅误食、胃部疾病会引起呕吐，感染症、脑、肝脏、胰腺、肾脏、膀胱等很多脏器官的障碍都会导致呕吐。有时，严重呕吐持续2～3天后狗狗会死亡；有时可能潜藏着某些分秒必争的疾病。当狗狗1天呕吐2次及以上时，应立即带它去宠物医院就诊。

没有精神和食欲

发现异常立即就诊

当爱犬听到呼唤没有反应、眼神呆滞、呼吸急促、毛发无光泽时，如果这时候才察觉到异常的话，爱犬的疾病可能已经重症化了。为了及早注意到狗狗的异常，如“和往常不一样”“平时完成得很棒的动作尽然失败了”“今天特别奇怪”等，平时需要仔细观察爱犬的状态。发现异常立即就诊，有利于疾病的早发现、早治疗。

激烈地挠身体

请检查被毛和皮肤的状态

当狗狗频繁地挠身体时，多数情况是由皮肤疾病或寄生虫引起的，需要注意。即便被毛没有异样，但皮肤很可能出现了症状，因此请拨开毛仔细检查。有时体内的不适也会导致狗狗挠身体，以防万一，发现异常后最好去医院就诊。

眼睛、耳朵、皮肤、牙肉的变色

出现肉眼可分辨的变化时要注意

要注意狗狗眼睛、耳朵、皮肤、牙肉的颜色变化。当发现颜色变白、变深、变黄、发紫等变化，或者出现红色或紫色斑点时，请去宠物医院就诊。这些是黄疸、贫血等各种疾病表现出来的症状。

发生事故

送医院时要照顾到狗狗身上的伤

因交通事故或狗狗之间发生冲突而受伤时，请立即带狗狗去医院就诊。因伤痛、害怕而处于恐慌状态的狗狗很有可能会咬伤抱起它的人，因此用浴巾或毛巾毯等先将其裹住，然后再抱它起来。同时，送医院时为了避免箱子压迫它身上的伤口，请将它放进宽敞的便携箱里。

咳嗽、呼吸困难

狗狗全身的状态也要重点观察

天气不热却用嘴呼吸、胸口的跳动速度比平时快、咳嗽等，当出现上述症状时，不仅是狗狗的呼吸器出现了疾病，很有可能是整个身体都出现了疾病。因此，包括牙肉的颜色等在内，请检查狗狗全身的状态吧。当开车载着呼吸极其困难的狗狗去医院时，请将它放在后座上并固定好牵引绳，让它保持一个舒适的姿势。不要把它放进携带箱里，抱着它会让它感觉舒服些。

健康检查的要点

为了注意到狗狗的疾病或伤病，日常生活中要给它进行健康检查。只要掌握了狗狗健康时的状态，就能做到疾病的早发现、早治疗。

眼睛

眼睛透亮、炯炯有神是正常状态。发现眼睛充血、有眼屎、有浑浊物、眼睑肿胀、瞳孔扩大等现象时，说明眼睛出现了异常。此外，如果狗狗总是闭眼睛、揉眼睛或者左右两眼不一样时，也需要注意。

鼻子

一般来说，狗狗的鼻子在它醒着时是湿润的，睡觉时则是干燥的。在狗狗醒着的状态下检查鼻子的状态，如果发现鼻子干燥、堵塞、流鼻涕、鼻涕有颜色等现象，很有可能是鼻子状况不佳。

嘴巴

牙齿没有牙垢或牙石是最好的状态。如果口臭严重，说明患了某些口腔疾病，需要注意。牙肉呈带有血色的粉红色时是健康状态。狗狗贫血的话，牙肉的颜色会变成没有血色的白色。从牙周的颜色可以发现很多疾病。

被毛

贵宾犬的毛质柔软，如果不经常刷毛就会起球。如果不处理掉毛球，闷热的毛发容易引发皮肤炎，因此需要格外注意。

皮肤

健康状态下，狗狗的皮肤呈浅浅的粉红色。狗狗的皮肤因为有被毛覆盖，所以比人的皮肤敏感。一定要仔细留意皮肤的颜色、肿胀、结痂、皮屑等状态。如果狗狗体臭变严重，说明可能潜藏着某些皮肤疾病。

脚部

散步时狗狗的走路方式基本上是有节奏的快步伐。当出现摇摇晃晃、不灵活、跛行等异常时，可能是受伤或脑部异常。关节异常一般表现在后足，因此请事先掌握狗狗后足的形状。

脚趾・肉球・指甲

狗狗的脚趾呈轻轻握拳的形状，肉球像耳垂一样有弹性，指甲的长度正好触碰到地面，这是脚部的正常状态。散步回来后，要记得检查肉球部位有没有受伤等。

将每天的全身健康检查养成习惯吧！

为了早些注意到爱犬的身体问题，平时要掌握它全身的状态，了解各个部位常见的异常。身体不适的信号会表现在食欲或排泄等方面，因此平时留意狗狗的状态很重要。在家里养成每天进行健康检查的习惯，发现异常立即去医院就诊。努力做到疾病的早发现、早治疗。

耳朵

健康状态下，耳朵呈带有血色的粉红色。耳朵内部容易积存皮脂或污垢，还容易寄生跳蚤或螨虫。护理时可以使用干布擦拭。使用湿纸巾可能会引起湿疹等疾病，使用时要注意。

尾巴

外出散步时，带狗狗去草丛之类的地方玩耍的话很有可能会招来跳蚤。狗狗身上有跳蚤的话，它会身体发痒或出现毛发突然脱落等现象，因此要注意。

臀部周围

健康状况下，狗狗臀部周围是干净的，肛门紧缩，呈深色。检查时需要确认肛门是否发红、肿胀、附着排泄物等。当发现狗狗频繁地舔臀部，或者坐在地上时来回磨蹭时，主人就需要注意了。

生殖器

雄贵宾一般需要确认睾丸和阴茎的状态，同时要检查是否有分泌物或红肿。雌贵宾需要确认阴部的状态，以及是否有出血或分泌物等。此外，连子宫所在的下腹的状态也一起检查的话更放心。

肚子周围

标准体型的狗狗，它的肋骨后面的部位会稍微收缩。如果发现该部位膨胀的话，除了肥胖、疾病的可能性外，还可能是患了严重的内脏疾病。此外，如果每次饭后该部位就突然膨胀的话，也需要注意。留意爱犬的状态，早些采取措施吧。

贵宾犬常见的疾病和伤病

在犬类所罹患的疾病中，特别介绍贵宾犬所容易感染的疾病。为了能够在疾病的早期发现，需要养成每日为贵宾犬检查身体的习惯，如果发现有一点点的异常情况，最好尽早带贵宾犬去宠物医院。

正是因为有些地方眼睛看不到，所以更不能放过任何细微的异常！

静脉大循环分流（静脉分流）

症 状

血管畸形的静脉循环，对小型贵宾犬来说是比较多发的情况。血液在全身循环，由具有过滤机能的肝脏清洁受污染的血液，清洁后的新鲜血液返回心脏，再输送给全身。但是，如果患上这种疾病，一部分受污染的血没有通过肝脏直接返回心脏。导致毒素在体内沉积，从而引起发育不全或者食后痉挛等。一旦发现狗狗出现发育不良或者痉挛等异常情况，哪怕是轻度最好也带去宠物医院就医。

治 疗

为了彻底治愈该病，外科手术必不可少。所谓手术，就是找到异常的血管然后把它封住。作为缓解症状的治疗手段，可以借助服药来排除毒素或者调整饮食内容。

膀胱炎

症 状

出现尿频、尿痛、血尿的症状时可能是患了膀胱炎。但是，膀胱结石或者细菌性膀胱炎的初期可能不会有明显的症状。有很多病例是通过尿检时发现的。自幼犬的时候起膀胱炎反复发作，很难治愈的话，可能是因为脐尿管憩室这一膀胱畸形问题。导致膀胱炎的原因还有精神性或者膀胱肿瘤等，应该将该病同肾脏疾病、尿道疾病、雄贵宾的前列腺疾病、雌贵宾的子宫积脓症予以区别。对贵宾犬而言，也会因脊髓疾病而导致膀胱麻痹。

治 疗

膀胱炎容易复发，尽早找到膀胱炎的起因是非常重要的。去除膀胱炎致病病因的治疗与膀胱炎的治疗需要同时进行。针对细菌性膀胱炎的治疗，可能的话在进行细菌敏感性测试的同时，对贵宾犬喂以抗生素和消炎药等。若起因是脐尿管憩室等，则要予以手术治疗。为了早期发现疾病，请定期进行的尿检。

内脏疾病

寄生虫

症 状

在体内寄生的东西被叫做体内寄生虫，对贵宾犬而言主要是肠内寄生虫。主要的种类有蛔虫、钩虫、鞭虫、类圆线虫病、球虫、梨形鞭毛虫等种类，特别是球虫和梨形鞭毛虫需要格外注意。出现不明原因的溏便和腹泻时，可以怀疑是否感染了上述寄生虫。

治 疗

使用内服或者注射类的驱虫药，使寄生虫排出体外。必须根据寄生虫的种类选择合适的药剂。只要寄生虫存在，症状就会反复，因此连续几月使用驱虫药从而根治疾病非常重要。治疗不及时，寄生虫会给肠内造成严重，引发慢性肠炎。

心脏畸形

症 状

心脏畸形是一种先天性疾病。心脏畸形的狗狗表现为发育不良、性格温顺，主人容易误认为那是狗狗的个性，从而很难发现该疾病。如果觉得同其他的狗狗相比，爱犬身体发育迟缓，最好带它去宠物医院进行检查。

治 疗

针对心脏畸形，需要进行内科治疗和外科手术。但是，因为畸形的种类很多，也有不能进行手术治疗的情况。在不能进行手术治疗的情况下，狗狗可能会在出生半年左右后死亡。

胆结石
（胆泥）

症 状

贵宾犬是容易罹患胆结石的犬种。对狗狗而言，泥状、沙粒状或者黏液状（胆囊黏液囊肿）的胆泥在胆囊内积聚。症状轻时表现为：偶尔呕吐，重症状时因胆管炎或胆管堵塞而出现黄疸。最坏的情况是胆囊破裂引起腹膜炎，因此要特别注意。

治 疗

通过手术摘除胆囊，或者清洗胆囊是一般的治疗手段，症状较轻的情况下采用喂以利胆药等内科的治疗手段。胆囊疾病会在不知不觉中恶化，因此为了早发现疾病，定期进行检查是非常重要的。

为了能够早期发现，要牢记定期检查

进行性视网膜萎缩（PRA）

症 状

这是一种遗传性眼病，是导致贵宾犬白内障的原因之一。该疾病会导致视网膜慢慢萎缩，使视网膜机能衰退最终导致失明。贵宾犬在5、6岁后多发此病，病症初期表现为在暗处视物模糊的夜盲症。此病进一步恶化将导致在明亮处也难以看清物体，最后就变成任何东西都看不清楚了。该眼病与白内障和青光眼不同，眼睛里看不出任何变化。因为该病是缓慢地发展，又多伴发白内障，所以即使失明也很难引起注意。当狗狗视力下降时瞳孔会张开，白天眼睛也会发亮从而引人注意，也有主人针对这种异常带狗狗前来就诊。

治 疗

目前，尚未发现此病的根治性疗法。但是，可以在疾病初期通过补充维生素E或抗氧化剂等来阻止疾病的恶化。此外，该眼病具有遗传性，如果狗狗诊断出患有该疾病的话，不要让它繁衍后代很重要。

白内障

症 状

这是一种眼部晶状体的表面或者后侧蛋白质发生变性后眼睛逐渐变白的疾病。有先天性白内障、后天性白内障。先天性白内障具有遗传性，后天性可以分为少年性、代谢性、外伤性、老年性等种类。按发展程度可以分为初期、未成熟期、成熟·过熟期。初期，晶状体的边缘开始慢慢变浑浊，到未成熟期就能感觉到狗狗的眼睛好像变浑浊了。到了成熟期，眼睛白得特别明显，到了过熟期眼睛就完全看不见东西了。此外，白内障会导致葡萄膜炎，进一步发展会导致青光眼，严重的情况下需要摘除眼球。为了尽早的发现疾病，需要定期带狗狗去宠物医院检查。

治 疗

为根本性治愈该病，外科手术必不可少。手术是利用超声波将浑浊的、硬化了的晶状体破坏吸收，全部清理干净。然后，放入人工晶状体替代去掉的那部分晶状体。术后点眼药水和定期检查是非常必要的。遗憾的是，内科的治疗手段对于该病起不到什么治疗效果。

核硬化症

症 状

核硬化症是一种从晶状体的中心开始变白浊，晶状体逐渐变硬的疾病。因为眼睛会逐渐变白，所以很容易被误以为是白内障，实际上，核硬化症是随着狗狗年龄的增长而导致的老花眼。从狗狗5、6岁开始该病的发病率逐渐增加。发生核硬化时，即使晶状体逐渐变白也不会失明。但是，如果发生白内障的并发症时就有可能失明。因为主人很难区分核硬化症和白内障，所以尽早带狗狗去宠物医院就诊非常重要。

治 疗

发生核硬化症时，与白内障的不同之处在于狗狗仍然存在视力，所以没有治疗的必要。但是，因为有可能并发白内障，所以最好还是定期带狗狗去做眼部检查。

流泪症

症 状

从泪腺流出的眼泪，本来是通过连接眼睛与鼻子的鼻泪管流到鼻子里去的。鼻泪管发生堵塞或变细等异常时所引起的疾病就是流泪症。因为眼泪不能从鼻泪管通畅地流出而从眼睛溢出来，所以会导致眼睛周围的毛发长期处于湿润的状态，致使皮肤变红从而引发炎症。这也是造成眼部发痒以及眼睛周围毛发变成茶色形成“泪痕”的原因。

治 疗

因为发育过程中的贵宾犬幼犬眼部肌肉不发达，很容易流泪。但是，如果成犬后流泪症仍然没有改善的话，可以通过疏通鼻泪管等处理方式进行改善。但是，如果鼻泪管已经发生粘连，因为构造问题没法进行处理的情况下，要经常擦眼泪保持眼周的清洁。皮肤发炎时，使用具有消炎效果和抗菌效果的药物治疗。

青光眼

症 状

正常情况下，眼球可以通过调节眼内水分量来保持眼压的稳定。但不知何种原因导致眼内水分排出不畅，或者水分产出过多量眼内积水，这些都会导致眼压持续偏高。结果，因眼睛里面的视神经受到压迫，数日就会失明。该眼病的症状表现为，眼睛的颜色变绿，眼压增高导致疼痛，不愿意被触碰眼周。大多数的情况下，半年左右的时间另一只眼睛也会变成青光眼。

治 疗

通过点眼药水或者服药等内科治疗或者外科治疗等方法使眼压下降。失明后眼压依旧很高的情况时，可以进行假眼植入手术或者眼球摘除手术。因为没有具体的预防方法，早期发现、早期治疗是非常重要的。此外，不要忽略定期的眼睛检查，一旦觉察到异样，应尽快带去宠物医院就医。

每天都要检查狗狗是否有脚痛或拖着腿走路等问题

膝盖骨脱位

症 状

对玩具型贵宾犬等小型犬种来讲，膝盖骨脱臼较为常见。后足的膝盖骨脱离原来位置，靠里或靠外生长而导致的疾病。发病时关节变得不能活动，出现抬着腿跑，或跳着跑等症状。先天性或长期运动不足时容易发病，例如长期在光滑的地板上生活、在台阶上扭伤了脚、肥胖导致的腰腿负担过重等，这些都会提高发病风险。也有因衰老后肌肉和韧带的活动变弱而导致发病的情况。

治 疗

治疗的方法因症状的严重程度不同而有所不同，如果考虑到膝盖骨脱臼严重、将来会对膝关节产生不良影响，可以进行外科手术。为了预防该病，最好重新营造不给狗狗的身体增加负担的生活环境。营养均衡的饮食和适度的运动也非常重要，在成长期出现膝盖骨脱臼的情况时，要尽可能早地进行外科手术。

骨折

症 状

体型越小，骨头越细且柔弱，特别对玩具型或迷你型贵宾犬来说很容易骨折。出生后5、6个月大时活动量增多，到骨骼发育稳定的第11个月期间，是骨折多发时期，需要予以关注。全身任何部位都有骨折的可能，最有可能发生骨折的是前足。此外因为交通事故或者跌落而受到强烈撞击时，即便看起来很精神，也会因全身的淤青而有生命危险。连从沙发上跳下来，或在滑溜溜的地板上脚打滑都会有骨折的可能性，所以事先营造一个安全的生活环境是非常重要的。如果狗狗发出悲伤的叫声、一直抬着脚、走路很奇怪等，那么发觉异常时就要带狗狗去就医。

治 疗

基本上，对于骨折来说大多数是进行手术治疗。手术大致可以分为钢钉手术、钢板手术、骨外固定法三种。在没有发生骨错位的情况下，采用石膏绷带的外固定法较为常见。

皮肤和牙齿疾病

牙周炎

症 状

贵宾犬属于口腔内易繁殖细菌的体质，因此很容易感染牙周炎。一般长到7、8岁，罹患牙周炎的贵宾犬增多，如果随意喂狗粮或点心的话，可能从2岁开始就慢慢发展成牙周炎。食物碎屑等在牙齿上沉积所形成的牙垢是牙周炎的病因。牙垢与唾液成分混合后，最终形成牙石。牙石沿着牙周间的缝隙进入牙肉后，引起牙龈炎或者齿槽脓溢等牙周疾病。如果进一步恶化将导致牙齿慢慢脱落，牙周病菌侵蚀牙槽骨形成小洞，还会将口腔与鼻子连通。再进一步，如果牙周细菌通过血液蔓延至全身，就会导致心内膜炎等疾病。

治 疗

在牙周炎恶化的情况下，要进行拔牙手术。如果是轻度牙周炎，通过除去牙石的治疗方法即可。除去牙石时，一般需要麻醉。为了预防牙周炎，要养成每日刷牙的习惯，维持牙齿的健康非常重要。

感染性皮肤炎

症 状

4岁以上的贵宾犬的皮肤对外部刺激或者感染源（细菌、螨虫、真菌等）具有抵抗力。但是，不满4岁的幼犬、10岁以上的老犬、恶性肿瘤、荷尔蒙异常、过度的精神压力、全身性疾病、先天性免疫力弱等原因会导致皮肤的抵抗力变弱，给感染源的侵入带来机会。此外，如果4岁以上的贵宾犬发生了大面积的皮肤感染，可能是身体发生了异变。皮肤被细菌感染时，会长出红色的小疙瘩。感染螨虫时，皮肤将变红，不会有痒的感觉，毛发会脱落，产生黑色素沉淀。真菌的种类不同症状也有所不同，在初期不会有痒的感觉，会产生脱毛现象。马拉色菌皮炎会导致皮肤变红发炎，并伴随发痒症状。

治 疗

首先要找到引起感染的原因。此外，根据不同的原因选取合适的药物每日冲洗皮肤。必要时要服用内服药。如果是身体产生异变，进行治疗是必不可少的。

荷尔蒙异常会引起各种各样的症状！

肾上腺皮质功能减退症

（阿狄森氏病）

症 状

肾上腺皮质的萎缩、破坏、脑垂体发育不全等原因，导致肾上腺皮质的机能逐渐丧失，肾上腺荷尔蒙中盐皮质激素和糖皮质激素的两种或者一种不能分泌的疾病。主要的症状表现为没有精神、食欲不振、呕吐、体重减轻、脱水、心跳过缓、腹痛、痉挛、突然死亡等。因为是突发的症状，雌性需要特别注意。进行血液检查时，会发现低钠、高钾、低血糖、高钙等异常情况。

治 疗

首先通过点滴的方式集中治疗脱水症并降低钙值，然后通过内服药控制荷尔蒙的分泌。

肾上腺皮质功能亢进症

症 状

肾上腺皮质荷尔蒙之一的皮质醇分泌过剩导致的脏器官受损疾病。病症的初期，因为食欲旺盛会进食很多，经常饮水、变肥胖。随着病症的恶化，肌肉慢慢萎缩，从而导致手足颤抖、韧带很容易拉伤。因为腹部肌肉松弛，所以会出现腹部鼓起膨胀的症状。贵宾犬患此病时毛发会逐渐变少。随着疾病的进一步恶化，腹肌及膈膜的肌肉松弛，即便天气不热也会呼呼的浅快呼吸。抵抗力下降，从而引起肺炎、感染性皮肤炎和难以治愈的膀胱炎，也有因肝脏损坏、糖尿病、肺栓塞致死的情况发生。

治 疗

一般来说，应该坚持服用能够抑制荷尔蒙分泌过剩的药物。服药可以控制但不能根治，这是需要一生与之做斗争的疾病。

甲状腺功能减退症

症　状

疫介导性或特发性等原因导致的甲状腺荷尔蒙分泌减少，从而引发各种各样症状的疾病。伴随着其他的疾病，也会再度发病。主要的症状表现为面带悲色，毛发逐渐稀少，鼻梁的毛脱落、变黑，毛发逐渐丧失光泽，皮肤干燥，容易发生皮肤感染（细菌、螨虫、真菌），不怎么进食却胖起来，夏天却感觉寒冷，行动变缓、嗜睡的状况逐渐变多，贫血，心跳缓慢，癫痫发作、脸部神经麻痹，食道扩张等末梢神经麻痹症状。

治　疗

这种疾病基本上无法根治。治疗的话，就是通过内服药进行调理。因其他疾病而再度引发该病时，需与致病疾病同时治疗。

与性荷尔蒙有关的皮肤疾病

症　状

性荷尔蒙紊乱带来的影响，基本多表现为皮肤疾病。皮肤出现异常，发生脱毛现象。脱毛时以左右对称地出现为特征。性荷尔蒙是致病原因，因此未进行去势、绝育手术的狗狗会患有此病。发病与年龄没有太大关系，1岁以后（雌性的话是开始发情以后）的狗狗，就算年龄很小也有发病的可能性。诊断时，除了进行性荷尔蒙的检查外，也要对皮肤病的分布状态、发病时间等情况进行判断。

治　疗

治疗因性荷尔蒙导致的皮肤病时，通过去势、避孕手术可以治愈。此外，还可以通过早期的去势、避孕手术预防该疾病。

副甲状腺功能减退症・亢进症

症　状

是指副甲状腺功能减退、副甲状腺荷尔蒙无法分泌或者分泌过剩从而引发的疾病。因为副甲状腺荷尔蒙与钙的代谢密切相关，所以当副甲状腺功能减退时，会出现低钙•高磷血症。因此，当神经和肌肉受到刺激时，会引起全身颤抖或痉挛。副甲状腺功能亢进时，骨骼中的钙流失，骨骼变脆，易发生骨折。此外，因为出现高钙血症，使原本流畅的血液变得黏稠，钙增加了肾脏的负担导致肾功能不全。有时还会导致胰腺炎或胃肠受损。

治　疗

副甲状腺功能减退时，要通过钙剂和活性维生素D_3进行治疗，提升钙在血液中的浓度。甲状腺功能亢进要以根治为基本，可以通过打点滴或者服用类固醇药剂暂时降低血液中的钙浓度。

癫痫

症 状

癫痫是遗传性的脑部疾病。癫痫发作有全身性的发作，也有从身体局部开始的焦点发作。全身发作时，会出现身体僵直的强直性痉挛，牙齿紧咬，嘴巴张开舌头露出，流口水吐白沫，大小便失禁等症状。如果症状长期持续，也会有死亡的危险。病情严重时会出现恶心、流口水、身体发抖僵住、肚子咕咕叫排出软便、暂时性行动异常等症状。持续时间大多在几秒到几分钟内，轻度症状时，主人可能都不会发现。

治 疗

因为癫痫无法根治，一旦发病就会伴随终身。作为治疗，要坚持长期服用抗癫痫类药物。强烈的痉挛持续发作时会关乎狗狗的生命，一定要迅速带它去宠物医院就诊。

脑肿瘤

症 状

脑肿瘤大致可以分为原发性和扩散性两种。原发性脑肿瘤是脑神经细胞肿瘤化，从脑部开始出现肿瘤。扩散性脑肿瘤是身体的其他部位长出肿瘤，扩散到脑部的状态。多发于老龄犬，幼犬也会发病。症状有出现痉挛，走路摇晃不能行走，走路姿势奇怪，眼球上下左右摇晃等情形。随着病情的恶化，脑瘤逐渐变大，压迫大脑，导致出现很多问题。

治 疗

通过CT检查及MRI检查精确脑肿瘤的位置、大小、分布情况，判断能否进行手术。除了通过手术除去肿瘤外，也可采用放射性治疗和抗癌药物的治疗。脑瘤生长的位置不好，或恶性肿瘤概率较大时，治疗非常困难，因此最好早期发现。

脑炎

症 状

是指因某些原因导致脑部发炎的疾病。引起脑炎的主要原因有犬瘟热等病毒或者细菌、寄生虫、免疫介导性等等。发炎部位不同症状也有所不同。有与癫痫相似的痉挛，也有眼睛逐渐失明、行走异常等异常行为的出现。仅靠外在症状是无法进行判断的，需要通过MRI检查进行诊断。

治 疗

出现脑炎如果不进行治疗，数日到数月后就可能死亡。治疗基本上采用类固醇类药物抑制炎症的方法，同时观察病情。但是，脑炎一旦发作就无法治愈，一旦被确诊为脑炎，最短能活几个月，最长能活几年，因此请做好心理准备。

生殖器官疾病

去势·避孕手术能有效预防

前列腺肿大（雄性）

症 状

老龄且没有做过去势手术的雄性狗狗易患的疾病之一就是前列腺肿大。前列腺是位于膀胱后侧的副生殖器，正常的前列腺尺寸在3厘米以下。如果大于这个尺寸，就是前列腺肿大。在疾病初期不会有什么症状。肿大进一步恶化将出现便秘等排便障碍，进而出现排尿量减少、排尿次数增多等排尿障碍。如果近期出现便秘、排便时间长等问题，最好带狗狗去看宠物医生。

治 疗

良性的前列腺肿大，可以用荷尔蒙药物缓解但还会再次发病。根治或防止复发可以采用去势手术的方法。尽管是良性也有发展成前列腺癌的情况，先进行超声波检查（不确定时可采取切片检查法），根据情况也可以进行前列腺的全部摘除手术。

卵巢囊肿（雌性）

症 状

没有避孕的雌性狗狗会患卵巢囊肿。主要的症状为经常处于发情期，阴部变大且发情不止等。有时不会表现出明显的症状，等到发现时病情已恶化。

治 疗

通过外科疗法摘除卵巢。这种疾病也可通过事先接受避孕手术摘除卵巢或子宫的方式有效预防。

子宫积脓症（雌性）

症 状

7岁以上没有生产经历且未做过避孕手术的雌性多发子宫积脓症，是指子宫中有脓液积聚的疾病。发情期结束后的一个月内容易发病。疾病初期，总觉得没有精神，出现发热的症状，主人一般很难发现。随着病情的恶化，会出现恶心、饮水过多、疲软无力等症状。进一步恶化的话，发病两周后就有死亡的可能性，早期的处理非常重要。

治 疗

通过手术取出发生脓液积聚的子宫和卵巢，洗净腹腔。早期发现可以通过手术治疗，如果发现晚了，就无能为力了。接受避孕手术将子宫和卵巢摘除，就能有效预防该疾病。

发生意外时的应急处理办法

一定能派上用场！

当狗狗遭遇生病或受伤等突然事故时，为了能够沉着、冷静应对，需要事先掌握各种不同状况的应急处理办法。

喉咙卡住异物时

为了能够沉着应对，记住处理办法很方便

当狗狗喉咙卡住异物难受得乱闹时，需要马上带它去医院。如果主人判断在带狗狗到达医院前它会出现呼吸困难、意识模糊等严重后果时，立即采取应急措施是明智的选择。最好能够联系到兽医，有他在一旁通过电话指示的话，操作起来会更加放心。

狗狗的状态

[异物卡在食道]
- 呕吐
- 口吐泡沫
- 非常痛苦地往后仰脖子

[异物卡在气管]
- 痛苦挣扎
- 痛苦得直打滚
- 呕吐
- 舌头颜色变紫
- 意识模糊
- 翻白眼

能派上用场的东西

- 长的棍子
- 软管
- 双氧水
- 食盐水

意识尚存的情况

使用稀释过的双氧水或双氧水原液，大勺大勺地喂狗狗喝，直到它开始呕吐为止，但注意不要超过10勺。如果不是有心脏疾病或者年迈的狗狗，还可以用1～2勺的食盐水代替。

按压胸部

当狗狗呼吸变困难、意识越来越远时，将它的身体放倒，双手用合适的力度按压它的胸部。

把软管插进嘴里

将长为1米左右的细软管慢慢从狗狗的嘴巴插进去，将卡住的东西顶进去。

倒挂

如果异物卡在了食道，狗狗口吐泡沫的话，可以牢牢抱住它的腹部，将其倒挂起来，然后上下摇晃。

拍后背

倒着抱起狗狗，当它头部下垂后，一边观察狗狗的状态，一边用手掌嘭嘭地拍它的后背。

※此处介绍的处理办法只适用于主人已经判断狗狗意识模糊、有生命危险、容不得犹豫的情况。请本着自己负责的态度进行处理。

骨折

不需要进行应急处理，只需将狗狗带到医院即可

发生骨折时，剧烈的疼痛会刺激狗狗做出一些类似咬伤主人的过激行为，因此需要格外小心。尽可能不采取任何应急措施，即便受伤部位来回晃动也不要慌张，只需用毛毯轻轻包裹好受伤部位，直接前往宠物医院。这是最好的处理办法。

狗狗的状态

- 一碰就疼
- 一动就疼
- 发抖
- 来回晃动（脚部骨折时）
- 肿胀

能派上用场的东西

- 毛毯
- 床单

脚被割破·身体被咬了

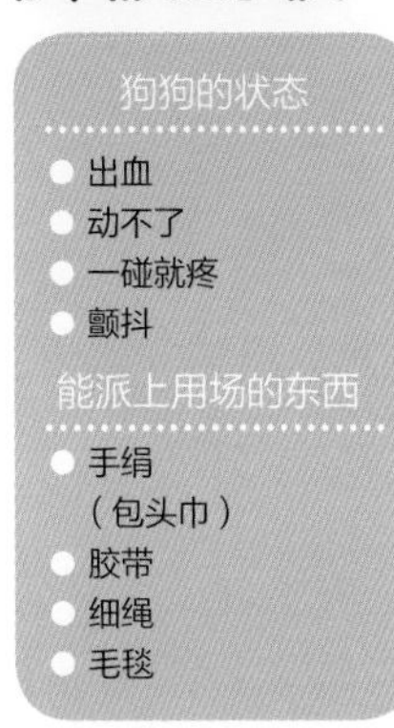

尽可能地控制住流血，迅速送往医院

散步时脚被割破，或者迎面碰上其他狗狗突然打起架来还被咬伤，或者在意想不到的地方受了伤，遇到这些情况时请不要慌张。某些部位被割伤或被咬伤后会大出血，为了控制住流血，需要用细绳或手绢等勒紧伤口的上方。手边没有可利用的物品时，用手压住伤口上方也能起到止血的效果。

突然跌倒

刻不容缓！立即送往宠物医院！

刚刚还很正常，一下子就……无论是在外面还是在家里，当爱犬突然跌倒时，不管它有没有意识都要立即送往宠物医院。尤其是在它失去知觉的情况下，生命攸关，必须紧急处理。为了维持体温，应该用毛毯或床单等裹住爱犬的身体保温，并立即送往宠物医院。遇到这种突发状况不慌张，同时不要摇晃爱犬的身体也是十分重要。

眼睛里进了异物

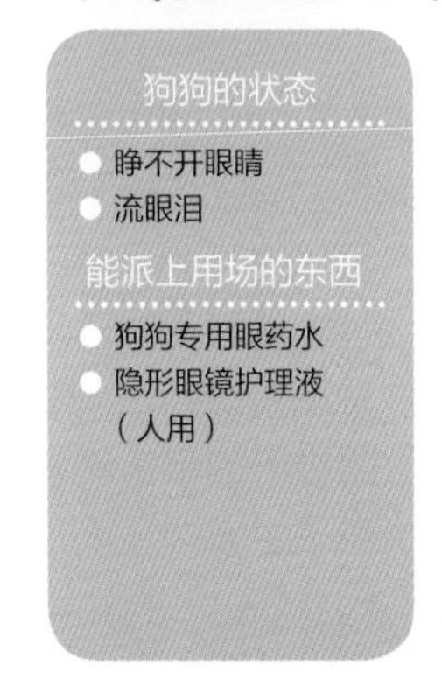

使用含有消毒成分的隐形眼镜护理液（人用）进行冲洗也可以。

用眼药水冲洗并尽快取出异物

当狗狗眼睛的表面沾上异物时，可以用手清理掉，或者去宠物医院用处方的抗生素类眼药水冲洗掉。人用的含薄荷醇的眼药水刺激性较强，建议不要给狗狗使用。当异物沾在眼结膜下面之类的不容易清理的部位时，请一定去宠物医院接受治疗。

滴药方法、涂药方法、口服方法

宠物医院给狗狗开的药方可以分为滴药、涂药和口服药。这里介绍一下各类药物的正确使用方法，以及狗狗不愿接受治疗时的注意事项。

滴药

从狗狗视野外的位置着手

滴药包括眼睛、耳朵、鼻子用药以及喷雾状的除螨虫、驱跳蚤药物等。使用时应从狗狗看不到的位置着手，动作要敏捷。不易操作时可以找人帮忙，一个人负责滴药，一个人负责固定住狗狗，这样分工进行。

实在无法办不到时?

狗狗乱动的话，可以使用伊丽莎白圈。从狗狗头部的后方套上伊丽莎白圈，固定住它的脸，然后迅速滴药。

眼药

● 软膏型

A A方案

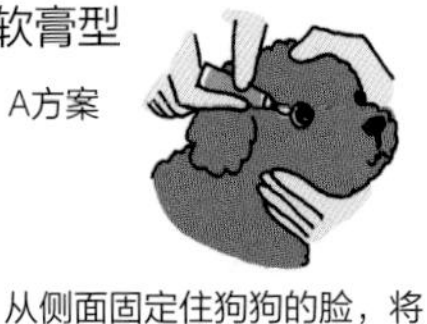

从侧面固定住狗狗的脸，将它的上眼皮稍微掀起一点后，把软药膏厚厚地涂在上面。

B B方案

将眼药像冰淇淋一样挤在手指上，注意眼药的瓶口不要接触到手指。

把挤在手指上的眼药迅速涂抹在狗狗的眼睛里。为了避免眼内混入杂菌，手指不能碰触眼睛。

● 液体型

1

准备好眼药水后，从侧面固定住狗狗的脸，使其上眼皮微微上抬。

2

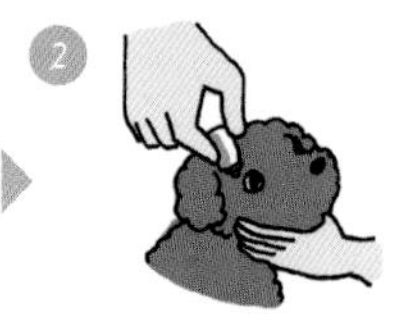

再将上眼皮上抬一些，使其眼睛睁大，从它看不到的正上方滴眼药水。

3

如果无法从正上方滴眼药水，可以从眼尾的侧面滴进去。注意不要让药瓶口碰触到眼睛。

螨虫·跳蚤驱除药

分多次、每次少量滴在皮肤上

拨开颈部的毛发露出皮肤，将驱虫药分多次、每次少量地滴在皮肤上。为避免狗狗舔食药物，需将驱虫药滴在它的背部或颈部等部位。

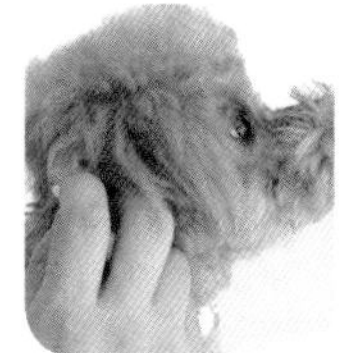

滴耳药

耳药水要沿着耳朵凹进去的部位滴进去

压住狗狗的耳朵以便能看到耳朵的里面，将耳药水沿着耳朵内侧凹进去的部位迅速的滴进去。轻揉几下后，擦掉多余的药水。

口服药

让狗狗习惯被人触摸它的嘴巴

片剂、散剂、液状药、胶囊等等，药的种类多种多样。医生开的药一定要按照医嘱服完。为了不让狗狗讨厌被人触摸嘴巴，日常练习很重要。

1

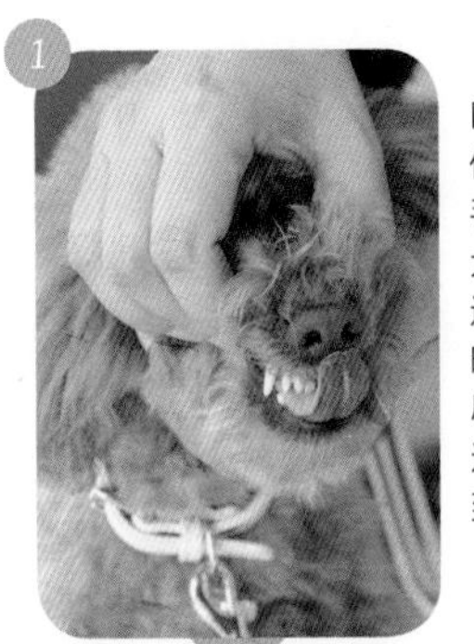

从狗狗的口鼻部上方捏住它的上颚，手指的位置在犬齿后方附近。注意操作时要将狗狗的唇部卷起来，这样才不会碰到它的牙齿。

2

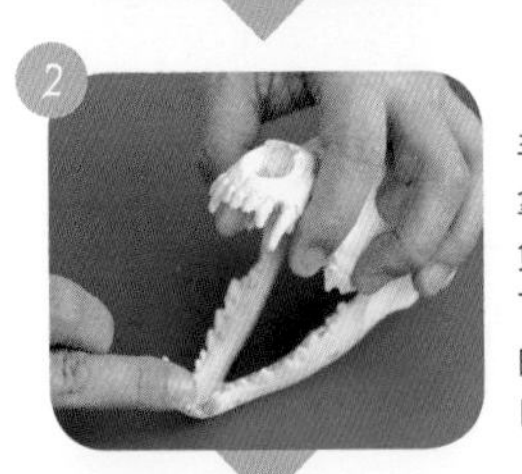

用另外一只手的拇指和食指拿药，其他手指负责压住狗狗的下颚（下排门牙的内侧），使嘴巴张得再大些。

3

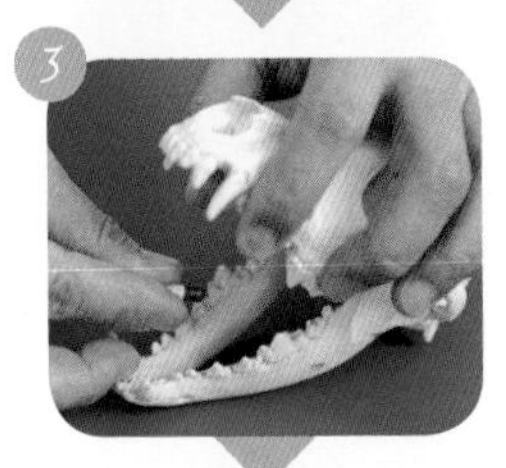

捏住上颚的手要固定，捏着药的拇指和食指负责把药放到狗狗嘴巴深处，其他空着的手指负责压住下颚。

4

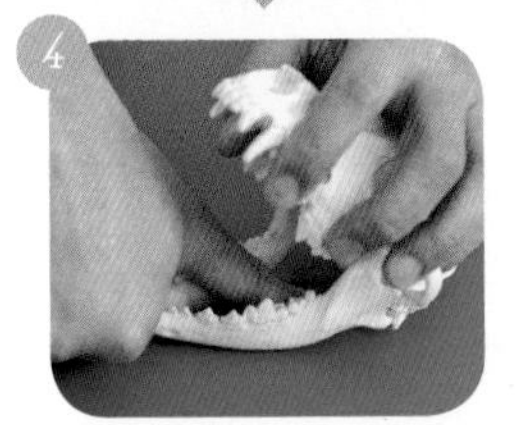

用拇指将药粒再往里面推一些。将捏住上颚的手移动到头后部把狗狗的头往前推的话，药粒能够到达喉咙处。

实在无法办不到时？

アイデア 1

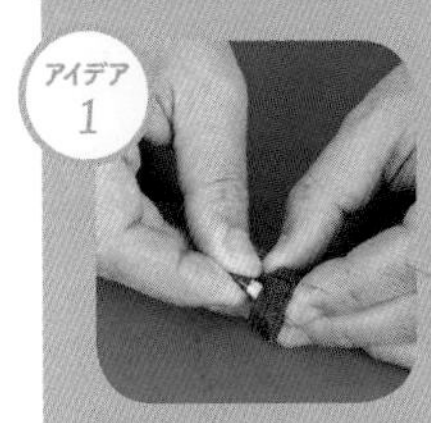

把药塞进零食里喂狗狗

让宠物医院开一些喂药零食（柔软的点心），将药塞进喂药零食里给狗狗吃。

アイデア 2

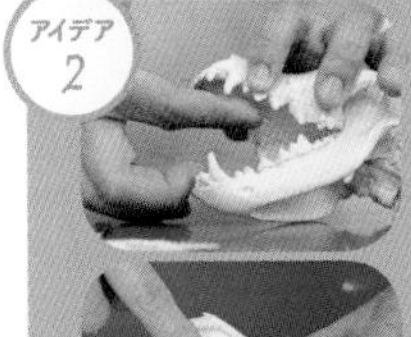

将粉末状的药溶解后抹在狗狗的上颌或牙龈处

喂狗狗吃粉末状药物时，先将药倒在一个干净的餐具里。胶囊的话从中间掰开，倒出粉末。用蘸过蜂蜜或水的手指粘上药面使其溶解，然后涂抹在狗狗的上颌内侧、牙龈外侧等狗狗容易舔舐到的位置。

涂抹的药物

涂药时要注意手指的动作

涂抹类药物主要用来治疗皮肤疾病，有液体和软膏两种类型，一般用手指或棉签涂抹。不同的症状涂抹的方式是不一样的，这点需要注意。此外，有些药物对人体也会造成影响，使用时需要遵循医嘱。

治疗感染类疾病时，为了避免患处扩散，应从外向内涂抹。

治疗非感染类疾病时，从内向外涂抹也可以。选择方便涂抹的方向即可。

症状不同，涂抹方式也不一样

关于去势和避孕的知识

雄性狗狗的去势手术和雌性狗狗的避孕手术都有很多利与弊。先跟宠物医院咨询爱犬的健康状况，再结合各自家庭的饲养方式做出决定吧。

先了解手术的优缺点再好好商议

狗狗出生8个月后开始进入性成熟期，相当于人的第二性征发育期。雌性狗狗迎来第一次发情期，阴部出现红肿出血现象，处于可以妊娠的状态。雄性狗狗的领土意识增强，散步时开始到处排泄做标记。同时，受到雌性狗狗发情期气味的刺激，有时会紧紧追随雌性狗狗，或者开始出现骑跨行为，还会出现食欲不振等变化。

在理解了手术的意义和目的的基础上，再探讨是否有必要进行绝育手术吧。雄性狗狗的去势手术会摘除精巢，雌性狗狗的避孕手术会摘除卵巢和子宫，通过这些手术可以避免意外妊娠。此外，接受上述手术后，狗狗将无法分泌性荷尔蒙，从而能够帮助治疗因性荷尔蒙引起的疾病。如果在性成熟前接受手术，还能预防生殖器官等的疾病。另一方面，术后狗狗将无法进行交配和生育。此外，各种各样的荷尔蒙之间是有相互联系的，因此术后狗狗的身体状况或体质可能会发生变化。根据狗狗年龄或身体状况的不同，还要考虑到这种全身麻醉手术的风险。此外，虽然尚未得到证实，但一般情况下狗狗接受手术后会变肥胖。综上，是否给爱犬进行手术，需要跟宠物医院详细咨询爱犬的健康状况，并结合各自家庭的情况好好商议。

雌性

不进行避孕手术的情况

未接受避孕手术的雌性贵宾犬会在出生后8个月左右时会迎来第一次发情期。自那之后，将会以7个月为周期，反复重复为期4周左右的发情期。当雌贵宾阴部出现红肿出血症状时，就是它容易妊娠的时期。这段时期，避免带爱犬去狗狗聚集的遛狗公园或狗狗咖啡馆是基本的礼节。有些公共设施可能还会规定，发情期的雌性狗狗不得进入。此外，如果狗狗生活在室内的话，阴部出血会弄脏环境，因此有必要采取经常清扫或给爱犬穿上短裤等预防措施。

避孕手术

是指摘除卵巢（或者卵巢和子宫）的手术。因为是开腹手术，需要住院。在狗狗性成熟前进行手术的话，能够有效预防与性荷尔蒙有关的乳腺癌等疾病，还可预防卵巢和子宫的疾病。手术后，发情期时身体状况不再发生变化，从而能够减轻狗狗的压力。

雄性

不进行去势手术的情况

未接受去势手术的雄性贵宾犬会在出生后6个月左右开始表现出雄性特征。例如，对发情期雌性的反应、领土意识等。伴随着慢慢地成长，雄性的气质也越来越明显。当附近的雌性贵宾进入发情期时，它也会出现一些令主人困扰的行为，如不停吠叫、因压力导致的食欲不振、挣脱束缚去见雌性狗狗等。此外，因为领土意识增强等原因，外出散步时容易跟其他狗狗发生冲突，这点一定要注意。

去势手术

是指摘除精巢的手术。不需要开腹，因此可以当天往返。去势手术能够预防与性荷尔蒙有关的前列腺或精巢疾病等，因发情期雌性引起的压力也会消失，领土意识和骑跨行为也有所缓解。在性成熟前接受手术效果更明显。

手术的目的

在性成熟前接受绝育手术，能够预防生殖器或与性荷尔蒙有关的疾病，还能够缓解雄性狗狗因发情期雌性狗狗而引起的令主人困扰的行为。此外，还可以避免意外妊娠。对于已经患有生殖器官疾病或与性荷尔蒙有关的疾病的狗狗，通过绝育手术可以治疗上述疾病。

最好进行绝育手术的情况

患有糖尿病的雌性狗狗，每当进入发情期时病情就会恶化，因此需要在早期就接受避孕手术。对于患有前列腺肥大或会阴疝气的雄性狗狗，为了治疗上述疾病可以进行去势手术。对于患有与性荷尔蒙有关的皮肤疾病的狗狗，进行绝育手术可以改善病情。

去势·避孕手术的流程

雄性

去势手术的顺序

麻醉阶段的1~7共通

1 药物预处理

使用具有镇静作用的药物进行预处理。可以缓解麻醉时狗狗的不安和疼痛，减轻麻醉的负担。

2 氧化处理

预处理后狗狗意识模糊的话，需要使其吸入高浓度氧气进行氧化处理。可以避免狗狗缺氧，同时使麻醉药的导入更顺畅。

3 诱导·插管·麻醉维持

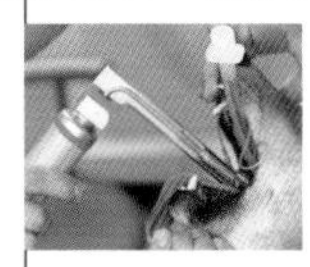

采用注射或吸入的方式进行麻醉诱导，然后用气管导管维持（全身）麻醉。通过监视器开始确认狗狗的状态。

4 剃掉肚子上的毛

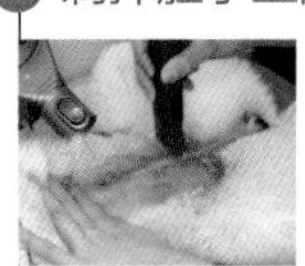

为了保证手术时视线清晰和保持清洁状态，需要用推子剃掉狗狗肚子上的毛。如果狗狗很乖巧，那么在术前剃毛也可以。

8 从包皮和阴囊中间割开

从包皮和阴囊中间割开，要在中心位置。精巢的大小会影响切口的长短，迷你型贵宾犬的话，切口一般在1～1.5厘米。

9 挤出精巢

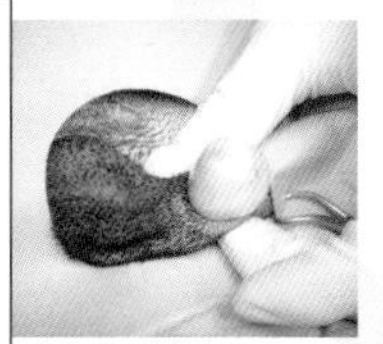

用手指从割开的位置将左右两侧的两个精巢（及精巢上体）逐一挤出来。只需要一个很小的切口就够了。

构造

精巢被阴囊皮肤包裹着，手术时需要从包皮（阴茎）和阴囊（或包皮的根部）的缝隙割开，摘除精巢，用线系住血管和精管。阴囊较大时，需整体切除。

麻醉（共通） ≫ 切开 / 开腹

雌性

避孕手术的顺序

麻醉阶段的1~7共通

5 给肚子消毒

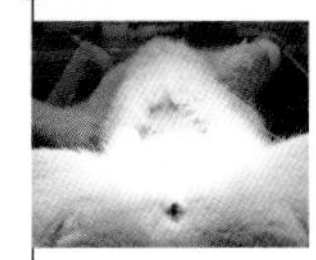

对接受手术的部位肚子进行消毒。为了避免杂菌从切开的位置进入，消毒要彻底。对于进行开腹手术的雌性来说，尤其重要。

6 医生手部消毒

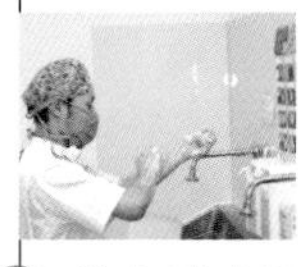

手术部位消毒完毕后，要对医生的手进行彻底消毒和灭菌。带上手术专用的硅胶手套。

7 盖上手术洞巾/准备器具

手术中为防止弄脏其他部位，需要盖上只有手术部位暴露出来的布（手术洞巾）。对手术中必要的器具进行最终确认。

8 从肚脐下面切开

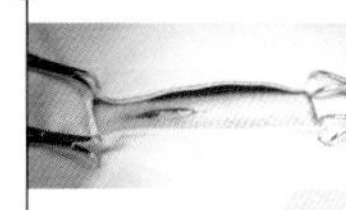

因为需要进行开腹手术，因此需要切到腹膜处，露出皮肤和皮下组织。卵巢位于肚脐左右两侧。迷你型贵宾犬的话，从肚脐下面3～4厘米的位置切开。

9 开腹

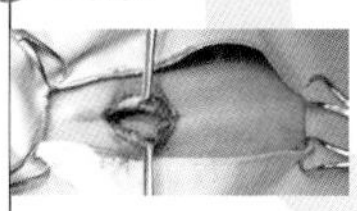

用钳子等工具将切开的位置扒开。如果只摘除卵巢，虽然需要开腹手术，但一般切口较小，不会给狗狗带来负担，恢复也快。可以根据爱犬的状况决定。对于标准型贵宾犬等大型犬，有时需要分别切开腹肌和腹膜。

构造

卵巢位于子宫和肾脏之间（距离肾脏较近）的位置，需要从肚脐处切开进行摘除。有时还需要摘除子宫。

⑩ 拽出精巢

将从切口处挤出的精巢一点点拽出来。拽出时要确保连接着血管和精管。

⑪ 切掉包裹着精巢的膜

取出精巢后，切开包裹着精巢的膜（睾丸鞘膜），露出血管和精管。

⑫ 连接血管和精管

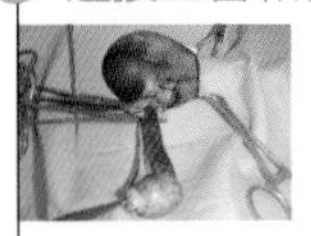

将暴露出来的血管和精管用线扎在一起（结扎）。结扎时使用的线是体内可溶解的线，因此不需要拆线处理。

⑬ 切离精巢

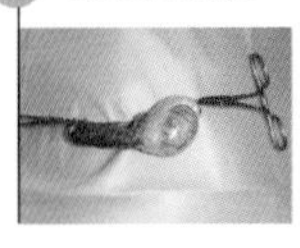

用剪刀从结扎部位的前面剪断，切离精巢。另一个精巢也采取同样的操作。

⑭ 将血管和精管送回体内

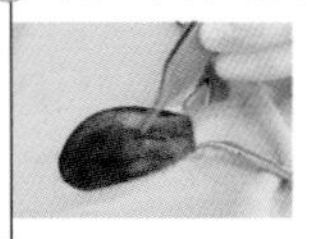

将结扎后的血管和精管送回到体内原来的位置。因为进行了结扎，所以出血非常少。

⑮ 缝合

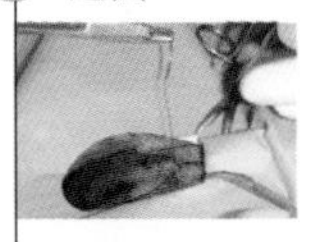

用线将连接着皮肤和膜的皮下组织缝合，然后再缝上皮肤。因为切口较短，不易留下痕迹。

⑯ 皮肤缝合完毕

皮下组织和皮肤缝合完毕、切口处完全被遮盖后，手术就完成了。

在狗狗从全麻状态苏醒过来之前，
需要通过监视器检查它的状态，
苏醒后手术就结束了

摘除  缝合 / 关腹

⑩ 拽出卵巢

逐个拽出卵巢，暴露出跟卵巢连在一起的韧带、血管、子宫角（子宫的一部分）。

⑪ 系住卵巢的两侧

用线将暴露出来的韧带、血管和子宫角扎在一起。避孕手术就是要切断这一部位，抑制出血很重要。

⑫ 摘除卵巢

将韧带、血管和子宫角扎在一起后，切离卵巢。切除时要注意观察出血情况。

⑬ 将子宫角等送回体内

将用线扎住且止血了的韧带和血管、子宫角送回体内。操作时要随时关注该部位的状态。

⑭ 缝合腹膜和皮肤

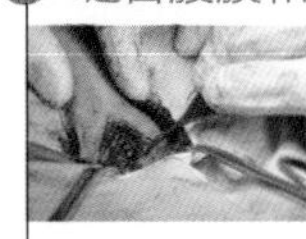

跟最初的顺序相反，依次缝合腹膜、皮下组织和皮肤。也有不需要缝合腹膜的情况。

⑮ 皮肤缝合完毕

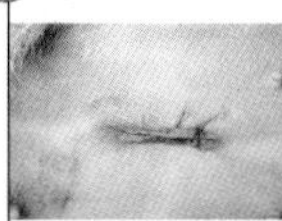

因为是开腹手术，所以缝合时要随时关注切口的状态，谨慎进行。缝合的线应使用能够自然溶解的。

在狗狗从全麻状态苏醒过来之前，
需要通过监视器检查它的状态，
苏醒后手术就结束了

提防太瘦或太胖！

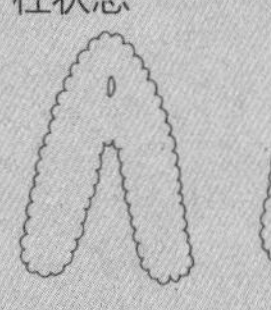

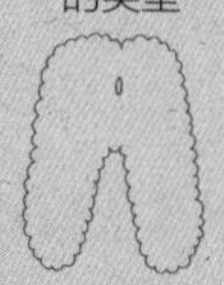

❶ 的类型无论从视觉上还是从指腹的触感上，都能感觉到脊柱微微向外突出。 ❷ 有些微胖，背部趋于平坦。 ❸ 过度肥胖，脊柱两侧的脂肪隆起，属于脊柱陷进脂肪里的状态。

两周称一次体重，保持合适的体型

因为经常让美容院帮忙修剪造型和洗澡，所以很多贵宾犬的主人都不能及时掌握爱犬的体型状态。另一方面，一些修剪造型会把狗狗的毛发打造得很蓬松，因此光靠眼睛是无法判断狗狗真正的体型的。一直觉得自己家的狗狗是标准体型，直到偶然间在家中给它洗澡时才发现它的肋骨突出很严重，这时才送去医院就诊，这样的事情也是时常发生的。

运动不足或零食喂得过多会导致肥胖，但库兴氏综合征（副肾皮质机能亢进症）这种荷尔蒙系疾病也会导致肥胖。因此，如果平时很注意爱犬的饮食和运动，但它还是胖起来了，感觉很奇怪的话就赶紧带它去宠物医院就诊。此外，任由狗狗胖下去的话，很可能会引发糖尿病，还会给心脏等其他内脏器官带来很大负担。再者，大多数贵宾犬患有先天性膝盖骨脱臼，过度肥胖会增加膝盖负担，引发慢性关节炎或椎间盘突出等症状，还容易发生骨折，因此肥胖是贵宾犬的劲敌。

另一方面，一些贵宾犬过于消瘦，常见的原因是主人深信爱犬很胖，就依个人判断限制爱犬饮食，或喂食减肥用狗粮，从而导致的慢性营养不良。

不论怎样，如果平时很注意爱犬的适当饮食和运动管理，但它突然肥胖或消瘦的话，应立即前往宠物医院就诊。平时要注意抚摸爱犬确认它的体型，两周称一次体重，保持适当的体重，这些很重要。

根据年龄或身体状况调整食物的量很重要。同时，注意掌握爱犬的体型状况和最适体重。

与贵宾犬生活的各种实用信息

法律法规、疫苗、自然灾害、挣脱、走失……，以及为了应对紧急情况应该事先掌握的信息等。

领养后

按照相关地方规定，主人有义务对领养的狗狗进行家犬登记手续以及接种狂犬病预防疫苗。领取养犬许可证和狂犬病免疫证后，应戴在项圈上。

佩戴养犬许可证和狂犬病免疫证是规定的义务

领养狗狗后需按照规定办理手续，以便让狗狗作为社会的一员开始生活。按照国家规定进行“家犬登记”和“狂犬病预防注射”十分重要。

家犬登记可以在家庭所在的市区的派出所进行申请。支付登记手续费（约1000元，以后每年500元，各个城市价格不同）后，领取养犬许可证。许可证会刻印上狗狗的登记编号和市区信息。

狂犬病预防注射需要每年接种1次。在宠物医院接种后，能够领取狂犬病预防注射证明。

相关地方规定，主人有义务将养犬许可证和狂犬病免疫证佩戴在狗狗的项圈等部位。这些编号在国内都是独一无二的，是可以用来证明爱犬身世的居民卡。

佩戴养犬许可证和狂犬病免疫证是相关条例规定的义务，无论是人还是狗狗，都要将其视为社会的一员来守护。

应将养犬许可证和狂犬病免疫证戴在狗狗的项圈等部位，走失时能派上用场。

不同的养犬许可证和狂犬病免疫牌的设计是不同的，丢失后可补办。

爱犬的粪便放置不管会给他人造成困扰。粪便里的细菌或病毒会传染给其他狗狗。

狂犬病发病风险增高

从办理完养犬许可证的第二年开始，每年的3月会收到接种狂犬病预防注射的通知。狂犬病会感染哺乳类动物，一旦发病几乎都是致命的。发病多的国家，每年会有5万人因此丧命。

因为在中国潜藏着暴发病情的可能，所以根据狂犬病预防控制技术指南，结合养犬登记的数据，每年会发送接种通知。然而，近年来不进行养犬登记的饲主越来越多，狂犬病疫苗的接种率也下降了。一旦暴发了狂犬病，为了避免病情蔓延，那些尚未接种狂犬病预防疫苗的狗狗将会被捕获。为了保护人类和狗狗，请定期接种。

确认居住地所在的市区制定的养犬条例

除了国家规定的法律外，遵守各地方制定的条例也很重要。不同的市区条例也不同，因此领取养犬许可证时，请确认养犬规定。

与狗狗的生活息息相关的条例是每天的粪便处理问题。不同城市的要求虽然不一样，但一般需要将粪便作为污染物经厕所冲走，或作为可燃垃圾丢弃等。在上海市，根据“上海市养犬管理条例”的规定，对于放置狗狗粪便不管的饲养主，要征收过失罚款（赔偿）。

除此之外，在公共场所要给狗狗佩戴牵引绳，注意不要给周围的人造成困扰。作为社会的一员，就要遵守规则和礼节，把爱犬培养成人见人爱、健康快乐的狗狗吧。

疫苗的基础知识

为了对各种各样的疾病产生免疫，需要接种疫苗。疫苗的种类和接种时期需要结合各自家庭的状况向宠物医院咨询。

跟宠物医院咨询需要预防的疾病，然后决定接种疫苗的种类

狗狗接种疫苗主要为了预防7种疾病，即犬瘟热、犬细小病毒症、传染性肝炎、犬腺病毒Ⅱ型感染症、流感嗜血杆菌、细螺旋体病（3种类型）、冠状病毒感染症。混合有这类病原体的疫苗被称为“混合疫苗”。具有代表性的混合疫苗是包含犬瘟热、犬细小病毒症、传染性肝炎、犬腺病毒Ⅱ型感染症、流感嗜血杆菌5种病原体的混合疫苗，将极其危险的疾病都聚集在了一起。

混合疫苗中包含的病原体数越多，预防的疾病就越多，但某些生活环境下有些疾病是没有必要预防的。接种混合疫苗的种类可以跟宠物医院咨询决定。

幼犬阶段连续接种3次，成犬阶段每年接种1次

疫苗可以抑制病原体（造成疾病的病毒）的毒素。接种后进入体内，会产生对抗该类疾病的抗体，和人类的预防接种具有相同功效。然而，不同的是狗狗的免疫功能会消失，因此为了预防疾病需要定期接种疫苗。

幼犬通过母亲的哺乳获得免疫力，但1～3个月后免疫力会消失。因此为了保持免疫力，需要在狗狗出生后2个月大时开始接种疫苗。如果幼犬体内残留着狗妈妈的免疫力，那么即便接种了疫苗也不会产生抗体。在狗妈妈抗体消失的时点接种疫苗时最理想的，但消失的时点存在个体差异。因此，为了万全起见，在幼犬阶段需要每隔一个月接种1次，共接种3次。进入成犬阶段后，也要定期接种。

在所有疫苗接种完毕前，尽量不要带幼犬去散步，但建议利用胸前包等带狗狗外出，进行社会化（P56）训练。在宠物医院的指导下进行吧。

应急物品的准备工作

以防万一，狗狗用的应急物品也要事先备齐。

带狗狗一起避难是原则，所以设想一下避难所里的生活方式，事先练习吧。

救援物资的到位会花费3天甚至更长的时间，所以应急物品要多准备些

应对灾难，狗狗必需的物品有食物、水、尿片、便携箱等。请根据各自家庭的情况，准备齐全。救援物资的到位预计会花费3～5天的时间，所以应急物品要足够狗狗使用3天甚至更长时间。尤其是正在服药的狗狗，药物要多准备一些。

狗粮要准备无需开罐器也能打开的。

进入避难所时便携箱是必需的。

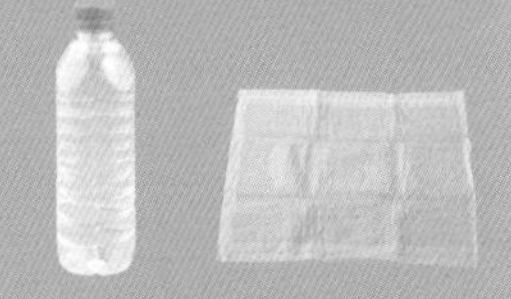

人类饮用的瓶装水就可以，要准备软水。

尿片还可以用作人类的厕所。

带狗狗一起避难是基本原则

灾难的发生难以预测，为了以防万一，平时的准备工作很重要。事先备齐狗狗生活的必需物品吧。

发生灾难后，可能需要离开家去避难所，避难时一定要带上狗狗。日常生活中，家人聚在一起商讨灾难发生时的对应办法是十分必要的。

一般情况下，避难所是允许狗狗进入的，但考虑到一些人不擅长和动物相处，所以会在避难所附近设置动物救护所，暂时将狗狗安顿在那里，或者交给宠物托管所或朋友照看。因此，要事先练习，让狗狗习惯在便携箱或笼子里安静待着。为了让狗狗在离开主人的情况下依然能够得到很好的照料，应该事先进行社会化训练（P56），让狗狗习惯各种各样的人类。

预防狗狗逃脱、走失的方法

当项圈脱落时或生活环境发生变化时，狗狗可能会逃脱。

为了能够找到爱犬，一定要给它佩戴养犬许可证或住址牌。

必须注意狗狗的意外行为、生活环境和可疑人物

贵宾犬属于好奇心强的类型居多的犬种。一旦发现有趣的事物就会突然动起来或者兴奋得跳起来，很有可能抓住机会就挣脱项圈或胸背带逃跑。此外，一些胆小的狗狗会因突如其来的声响而陷入恐慌，从而做出一些意想不到的行为。关于散步的注意事项，请参考（P68～P69），将项圈或胸背带调节到最适尺寸。同时，狗狗乘坐宠物车时，为了避免它从车上跳下来，要事先佩戴好牵引绳。

除此之外，还要防止狗狗从生活环境中逃脱。当打开玄关的门时，要注意院子里篱笆之间的缝隙等。贵宾犬非常善于观察人的活动和周边环境，一旦发现机会就会脱逃。尤其是有东西吸引了它的注意力时，它会不顾一切地跑出去。因此，为了安全起见，请重新整理生活环境。

此外，正因为贵宾犬最近人气很高，所以当把它系在店铺前面或公园外面的栓犬桩上时，存在被别人带走的危险。因此，外出时，视线不离开狗狗也是非常重要的。为了能够找到脱逃或被带走后走失的狗狗，请参考下一页的内容采取对策。

年轻的狗狗好奇心尤其旺盛，预防逃脱的措施很重要。可以在玄关处设置一个宠物专用的进出门。

乘坐宠物车时也要系上牵引绳，主人可以拉着牵引绳，或把绳子固定在宠物车上。

项圈的松紧要调节成可以塞进人的两根手指，虽然看起来狗狗很痛苦，但这种状态是最佳的。

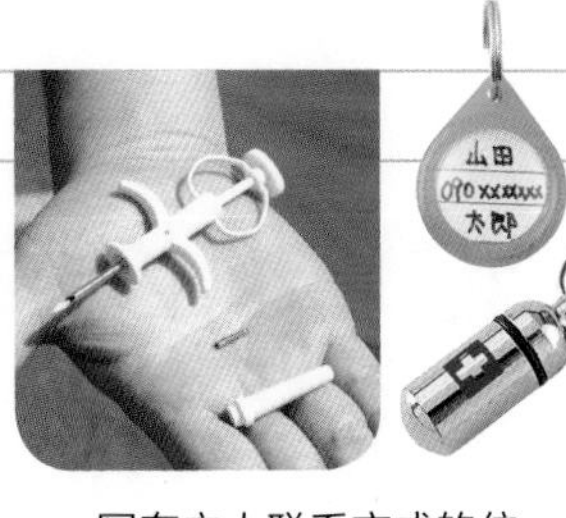

写有主人联系方式的住址牌、可以植入体内的芯片，有了这些就放心了。

关于狗狗的暂时照料，记得咨询公共机构

挣脱掉的狗狗走失了的话，在家附近进行搜寻的同时要从邻居们那里收集信息。此外，记得向公共机构咨询狗狗的信息。

动物爱护中心是动物的收容所，狗狗被保护性拘留起来后，管辖该地区的动物爱护中心会通过其官方主页等进行介绍。

警察署或保健所也会从暂时照料狗狗的人那里得到信息。

清扫事务所负责处理公共场所的动物尸体，可以设想狗狗遇到了交通事故等死亡了，向该机构进行咨询。

市区将饲主的信息都登记在了养犬许可证和狂犬病免疫证的编号中，只要狗狗戴着这些证件，即便走失了依然能够找回来。为了提高找回爱犬的概率，要给它佩戴住址牌或宠物芯片哦。

为了能够找回走失的爱犬，请给它佩戴养犬许可证等

即便平时很注意狗狗的安全问题，但还是存在遭遇事故或灾难时狗狗逃脱的可能。为了防止狗狗走失，必须给它佩戴类似居民证的“养犬许可证”和“狂犬病免疫牌”。

写有主人联系方式的“住址牌”或“宠物芯片”也是必需的。因为住址牌上写有主人的联系方式，所以当狗狗被别人捡到时，应该能够很快联系到失主。注意，住址牌要使用防水的。宠物芯片是一种标记有世界上独一无二编号的微小胶囊，通过注射器植入狗狗体内。芯片上的编号记录着主人和狗狗的信息。想要读取编号，需要使用专门的扫描仪器。

为了能够在狗狗逃脱后立即唤回它，或者发现走失的狗狗后唤回它，平时要进行“过来”指令的练习（P75）。

狗狗引起事故后的应对方法

万一爱犬将别人咬伤了……

要冷静判断当时的状况，不要慌张，处理时表现出诚意很重要。

面对受害者真诚地道歉

对于狗狗咬伤他人造成咬伤事故问题，预防很重要。当爱犬和别人或其他狗狗接触时，要注意观察它的状态，如果它表现紧张发出呜呜声时，应立即带它离开。当狗狗感到“害怕”时，为了保护自己它会咬别人，因此日常生活中要多加留意。

发生咬伤事故后，应立即将狗狗拉开。如果人伸出手或脚的话，狗狗很有可能会咬住，所以请全力拉住牵引绳将狗狗拉到远一点的地方去。当狗狗发出骇人的吼叫声时，可以通过喂它水喝之类的办法控制住它。

带狗狗离开后，主人要回来向受害者真诚地道歉。对方受伤了的话，要照顾他/它去医院或宠物医院。伤口有感染细菌或病毒的危险，所以即便伤得很轻也要陪同对方去就诊。有些城市要求，发生咬伤事故后饲主有义务向公共机构进行报告，或者带狗狗去宠物医院接受狂犬病感染的检查。所以，记得确认各地方的相关条例。

根据事故的严重程度，主人可能需要担负赔偿责任。可能需要支付受害人的治疗费和赔偿费等。

主人应该做的事情

1. 将爱犬拉离现场。将狗狗暂时系在远离他人的地点，让它冷静下来。
2. 向受害者真诚地道歉。检查互相的受伤情况，陪对方去医院。
3. 了解所在城市的相关条例，确认是否需要向公共机构进行报告或去宠物医院检查。
4. 向受害者道歉，并协商治疗费和赔偿费事宜。确认是否具有赔偿责任或参加保险。

托管狗狗时的注意事项

可以将狗狗送到托管所，或拜托熟人照顾。根据爱犬的类型进行选择，做好准备工作让爱犬留守期间过得放心。

根据狗狗的类型，有两种方式可供选择

当主人外出时间超过两天一夜时，为了避免将狗狗独自留在家中，需要把狗狗托管。首先，选择一种不会给狗狗带来太大负担的托管方式很重要。友好型狗狗对于生活环境的变化和他人的适应能力较强，比较适合送到托管所。腼腆型狗狗对于生活环境的变化和他人的适应能力较弱，把它留在家中，拜托值得信赖的人照顾比较适合。

托管狗狗时，可以选择宠物医院、宠物旅馆、朋友的家等场所。即便是友好型的狗狗，在陌生的环境跟陌生人生活时也会感到压力。因此，可以事先带它进行短时间的适应练习。

拜托别人来家中照料狗狗时，可以选择爱犬亲近的驯犬专家、宠物保姆或朋友。对于腼腆型狗狗，当有外人闯进自己的生活环境时，它会感到压力。即便是拜托平时狗狗很亲近的人来照顾，也要事先进行短时间的适应练习，这样才比较放心。

托管所或驯犬专家会要求主人提供养犬许可证、狂犬病免疫证、疫苗接种证明书等，请事先确认托管的必需物品。

托管时必需的物品

无论是送狗狗去托管所，还是拜托别人照顾，备齐以下物品更放心。养犬许可证、狂犬病免疫证、住址牌、疫苗接种证明书、喜爱的物品、生病时要准备诊断书和药、常用宠物医院的联系方式、狗粮、项圈和牵引绳。注意事先确认托管所的规章。

结束语

家庭构成、居住环境、驯养方针等，不同的家庭饲养狗狗的条件是不一样的。同时，标准型、中等型、迷你型、玩具型等，狗狗的体型也多种多样。请读者在参考本书介绍的秘诀、注意事项的同时，选择适合自家狗狗的方法进行实践。

最重要的就是仔细观察爱犬，选择最适合自己爱犬的方法。与狗狗的生活中，“绝对要这样！”的指南是不存在的。主人通过自己认同的方式照顾狗狗一生，这种爱才是至高无上的。请把您的爱犬培养成世上最幸福的贵宾犬吧！

去宠物医院前完成下表！

爱犬健康检查表☑

测量日/　　年　月　日　体重/　　kg　体温/　　℃

体　重　□无变化　□减轻　□增重

动　作　□活泼　□没精神（__天前开始）

食　欲　□无变化　□减少　□增加（　天前开始）

饮水量　□无变化　□不喝水　□喝得多　□喝得特别多（　天前开始）

呼　吸　□普通　□痛苦　□运动时变急促　□张开嘴呼吸

鼻　子　□湿润　□干燥　□打喷嚏

咳　嗽　□无　□每天（早·晚）　□连续
咳嗽的性质　□干性（吭吭）□湿性（呼哧呼哧）
□其他（像卡住了鱼刺似的）

眼　睛　□清澈　□有些刺眼　□频繁揉搓　□浑浊
□湿润　□有眼屎　□充血　□眼泪多

唇·牙肉·舌苔颜色　血色很好（粉色）　血色不好（发白、紫色）

口　臭　□无　□有腥味

耳　朵　□普通　□有味道　□经常挠耳朵　□有耳垢

姿　势　□普通　□曲背　□经常趴着　□蹲坐

走　路　□普通　□踉跄或拖着腿走　□不愿意走

脚　部　□无变化　□舔或咬脚趾　□被碰到后吼叫或生气

呕　吐　□无　□吐异物　□吐吃过的东西　□吐黄色液体
□吐泡沫状粘稠液体（__天前开始）　□其他（　）

毛　色　□有光泽　□无光泽　□掉毛多，秃毛

粪　便　□无异常　□软便　□泻便　□粘液血便　容易便秘
□排便时疼痛（__天前开始）

尿　液　次数　□普通　□多　□少　量　□普通　□多　□少（　天前开始）
颜色·气味　□无异常　□浑浊　□气味刺鼻

★请复印后使用。好好保管，当狗狗老了以后可作为诊断或治疗的参考。

诊断的结果和治疗内容、就诊费用等

....

....

....

....

图书在版编目（CIP）数据

贵宾犬养护全程指导：全彩图解版 / 日本《贵宾犬风采》编辑部编；赵春雨等译. -- 北京：中国农业出版社, 2017.1（2021.9 重印）
（我的宠物书）
ISBN 978-7-109-21932-8

Ⅰ. ①贵… Ⅱ. ①日… ②赵… Ⅲ. ①犬－驯养－图解 Ⅳ. ①S829.2-64

中国版本图书馆CIP数据核字(2016)第170297号

中国农业出版社出版
（北京市朝阳区麦子店街18号楼）
（邮政编码100125）
责任编辑 刘昊阳 程 燕 吴丽婷

北京中科印刷有限公司 新华书店北京发行所发行
2017年1月第1版 2021年9月北京第5次印刷

开本： 880mm × 1230mm 1/32 **印张：** 5
字数： 220千字
定价： 32.00元
（凡本版图书出现印刷、装订错误，请向出版社发行部调换）